高等院校产教融合创新应用系列

人工智能通识教程

主　编　程国安　刘隆吉　蔡兴壮
副主编　盖延亮　王家波

清華大学出版社
北　京

内容简介

本书主要介绍人工智能的核心技术与应用发展，内容涵盖人工智能概述、人工智能技术原理、人工智能交叉学科及融合技术、人工智能应用方向、人工智能应用场景、人工智能发展展望和人工智能时代的职业展望。引入丰富的实践案例和拓展阅读，旨在帮助学生深入理解人工智能的技术脉络与社会影响，掌握相关领域的基础知识，提升技术应用能力，适应数字化时代的发展需求。

本书结构清晰，理论与实践结合，可作为职业本科院校、高职高专院校人工智能通识课程的教材，也可作为对人工智能技术感兴趣的读者的参考资料。

图书在版编目 (CIP) 数据

人工智能通识教程 / 程国安，刘隆吉，蔡兴壮主编．北京：清华大学出版社，2025. 8. -- (高等院校产教融合创新应用系列). -- ISBN 978-7-302-70080-7

Ⅰ. TP18

中国国家版本馆 CIP 数据核字第 202528523T 号

责任编辑：王　定
封面设计：周晓亮
版式设计：思创景点
责任校对：马遥遥
责任印制：宋　林

出版发行：清华大学出版社
网　　址：https://www.tup.com.cn，https://www.wqxuetang.com
地　　址：北京清华大学学研大厦A座　　邮　　编：100084
社 总 机：010-83470000　　邮　　购：010-62786544
投稿与读者服务：010-62776969，c-service@tup.tsinghua.edu.cn
质 量 反 馈：010-62772015，zhiliang@tup.tsinghua.edu.cn
印 装 者：三河市龙大印装有限公司
经　　销：全国新华书店
开　　本：185mm×260mm　　印　　张：11.75　　字　　数：264千字
版　　次：2025年9月第1版　　印　　次：2025年9月第1次印刷
定　　价：49.80元

产品编号：113489-01

前言 PREFACE

党的二十大报告明确指出，要“推动战略性新兴产业融合集群发展，构建新一代信息技术、人工智能、生物技术、新能源、新材料、高端装备、绿色环保等一批新的增长引擎”。当前，人工智能日益成为引领新一轮科技革命和产业变革的核心技术，在制造、金融、教育、医疗和交通等领域的应用场景中不断落地，极大改变了人们既有的生产生活方式。人工智能已经给人类社会和生活带来了根本性变化，新时代大学生应具备人工智能视野，并能够运用人工智能技术分析和解决专业问题。

人工智能技术的快速发展不仅带来了巨大的经济效益和社会价值，也为我们提供了更多的可能性和想象空间。在人工智能与各行各业深度融合的背景下，大学计算机公共课的内涵和内容亟待变革。本书作者通过探索和实践人工智能背景下大学计算机公共课的全面转型，针对新时代大学生的特点编写本书，主要介绍人工智能的核心技术与应用发展，内容包括人工智能概述、人工智能技术原理、人工智能交叉学科及融合技术、人工智能应用方向、人工智能应用场景、人工智能发展展望和人工智能时代的职业展望，并通过丰富的实践案例和拓展阅读，帮助学生深入理解人工智能的技术脉络与社会影响，掌握相关领域的基础知识，提升技术应用能力，以适应数字化时代的发展需求。此外，本书在帮助学生完成学习目标、提升能力目标的同时，还通过素养目标，使其更好地塑造正确的世界观、人生观、价值观，顺应历史潮流，适应新时代要求。

本书由程国安、刘隆吉、蔡兴壮任主编，盖延亮、王家波任副主编。同时，感谢所有对本书编写给予关心和支持的教师，以及所有参与本书论证的专家。在本书编写过程中，科大讯飞股份有限公司、中兴通讯股份有限公司，以及中国海洋大学、烟台职业学院等高校给予了大力支持，提供了宝贵的案例、素材等，在此表示衷心感谢。

由于作者水平有限，书中难免存在不足之处，恳请广大读者提出宝贵意见。

本书提供教学大纲、教学课件、电子教案、习题参考答案、模拟试卷、拓展阅读等教学资源，读者可扫描下列二维码或书中相应章节中的二维码学习。

教学大纲　　教学课件　　电子教案　　习题参考答案　　模拟试卷

编　者

2025 年 6 月

目录 CONTENTS

第 1 章

人工智能概述

随着计算机处理能力的提升、数据的积累和新型人工智能算法的应用，以人工智能(Artificial Intelligence，AI)为主导的第四次工业革命悄然来临，人工智能技术已被广泛应用于各行各业，带来了巨大的商业价值。2017年7月，国务院发布《新一代人工智能发展规划》，将中国人工智能产业的发展推向新高度。很多以前只在科幻小说中出现的场景，现在已经成为现实。2024年6月，国家主席习近平向2024世界智能产业博览会致贺信。习近平指出，中国高度重视人工智能发展，积极推动互联网、大数据、人工智能和实体经济深度融合，培育壮大智能产业，加快发展新质生产力，为高质量发展提供新动能。

学习目标

1. 理解人工智能的核心概念、人工智能的定义，了解图灵测试的意义及早期理论基础。

2. 掌握专用人工智能的典型应用，列举AI在医疗(影像诊断、药物研发)、传媒(内容推荐、自动撰稿)、安防(人脸识别、行为分析)、教育(自适应学习、智能评测)、机器人(工业协作、服务型机器人)中的具体应用场景。

3. 认知人工智能前沿趋势，理解生成式AI的核心能力与技术原理、智能体的概念及其组成要素。

能力目标

1. 能够对比不同行业AI技术需求与解决方案的差异，分析生成式AI对传统内容生产模式的深刻影响。

2. 能够评估大模型在特定任务中的适用性与局限性。

3. 能够设计简易智能体(Agent)的工作流程。

素养目标

1. 激发对人工智能应用技术的探索兴趣，培养创新思维。
2. 理解 AI 与其他领域（医学、教育学、社会学）的交叉融合价值，拒绝技术孤立视角。
3. 形成对技术双刃剑的理性认知，主动参与 AI 治理的公共讨论。

思维导图

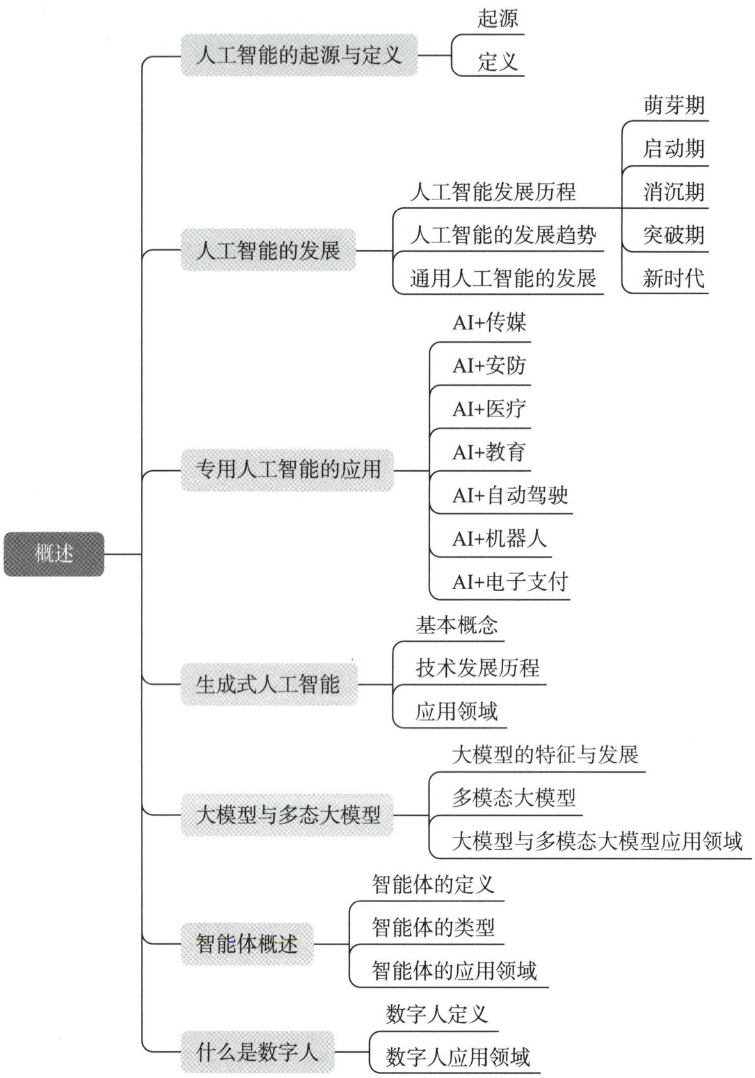

素养园地

弘扬强国的语音
实现语音的强国

1.1　人工智能的起源与定义

作为新一轮科技革命和产业变革的重要驱动力量，人工智能具备典型的通用技术特征，能够作为一种“工具”在几乎所有经济活动中发挥作用，正在深刻改变人们的生产生活方式。

1.1.1　人工智能起源

如今，人工智能的火爆程度不断攀升，每天都有与其相关的新闻被报道，人们对人工智能充满了好奇。搜索“人工智能”这个词，众多机器人的图片如雪花一般纷至沓来。提及 AI，很容易让人联想到科幻电影中的机器人（如图 1-1 所示），AI 真的就只是这样吗？当然不是。

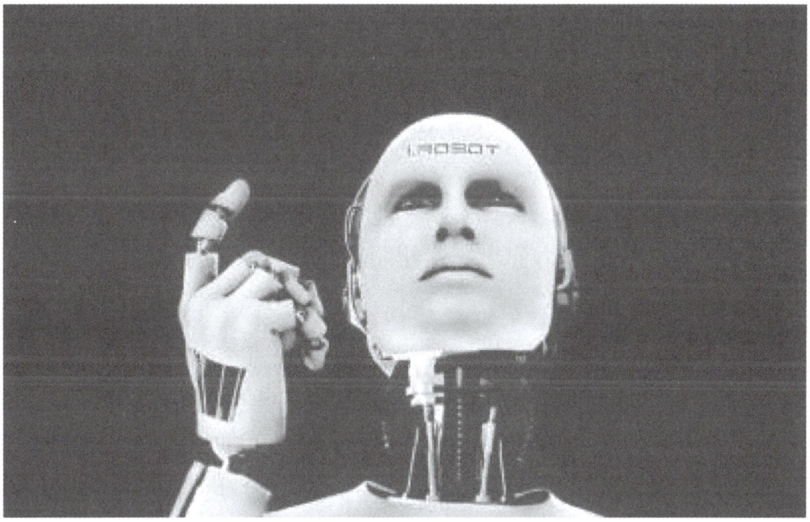

图 1-1　科幻电影中的机器人

人工智能是随着计算机技术的发展逐步产生并发展起来的一门学科，其研究范围十分广泛，涵盖逻辑、数学、计算机、信息、神经生物学、心理学、哲学等多门学科，以及这些学科不断交叉而产生的学问。

1956 年 8 月，在美国汉诺斯小镇的达特茅斯学院，约翰・麦卡锡、马文・明斯基、罗切斯特、香农，还有 6 位年轻的科学家，其中包括赫伯特・西蒙、艾伦・纽维尔、所罗门诺夫，开了一次历时两个月的会议，这便是著名的达特茅斯会议，部分参会者的合影如图 1-2 所示。在这次会议上，人工智能这个词首次被正式提出，参会者讨论了多项在当时的计算机技术水平下还无法解决的问题，其中包括人工智能、神经网络、自然语言处理等。这是一次具有重要历史意义的大会，这一年也被后人称为人工智能元年。

图 1-2　达特茅斯会议部分参会者合影

艾伦・麦席森・图灵 (Alan Mathison Turing)、马文・明斯基 (Marvin Minsky) 和约翰・麦卡锡 (JohnMc Carthy) 三位著名科学家在人工智能领域中做出了突出的贡献。

图灵以破译密码而名闻天下，他被认为是现代计算机科学的创始人。1936 年，图灵提出了一种 Copy 抽象的计算模型——图灵机 (Turing Machine)。现已公认，所有可计算函数都能用图灵机计算，这就是所谓的 Church Turing 论题，为后来出现的电子计算机建立了理论根据。图灵还领导了"曼彻斯特马克一号"(著名的现代计算机之一)的开发工作。为了纪念他对计算机科学的巨大贡献，美国计算机协会 (ACM) 于 1966 年起设立一年一度的图灵奖，以表彰在计算机科学研究方面做出突出贡献的人，图灵奖被誉为"计算机界的诺贝尔奖"。

1969 年被授予图灵奖的是人工智能学者马文・明斯基。1975 年，他首创框架理论 (Frame Theory)。他还把人工智能技术和机器人技术结合起来，开发出了世界上最早的能够模拟人类活动的机器人 RobotC，使机器人技术跃上了一个新台阶。马文・明斯基的另一重要贡献是创建了著名的"思维机器公司"，开发具有智能属性的计算机。

约翰・麦卡锡在 1927 年 9 月 4 日生于美国波士顿。在 1956 年的达特茅斯会议上，他提出了"人工智能"这个概念，并将数学逻辑应用到了人工智能的早期形成过程中。1960 年，他建立了人工智能程序设计语言 LISP，该语言成为人工智能界第一个广泛流行的语言。他因在人工智能领域的贡献于 1971 年获得图灵奖。

在 1956 年的达特茅斯会议之后，人工智能迎来了属于它的第一股热潮。这段时期人工智能研究的主要方向是机器翻译、定理证明、博弈等。在这段长达十余年的时间里，计算机被广泛应用于数学和自然语言领域，用来解决代数、几何和英语等相关问题。

1.1.2　人工智能的定义

人工智能 (Artificial Intelligence，AI) 是计算机学科的一个分支，20 世纪 70 年代以来被称为世界三大尖端技术（空间技术、能源技术、人工智能）之一，也被认为是21世纪三大尖端技术（基因工程、纳米科学、人工智能）之一。近年来，人工智能发展迅速，在众多学科领域都得到广泛应用，并取得了丰硕的成果。目前，人工智能已逐步成为一个独立的分支，无论在理论还是实践上都自成体系。

人工智能是研究利用计算机来模拟人类某些思维过程和智能行为（如学习、推理、思考、规划等）的学科，旨在使计算机能实现更高层次的应用。人工智能涉及计算机科学、心理学、神经科学、生物学、数学、社会学、哲学和语言学等学科，可以说几乎涵盖自然科学和社会科学的所有学科，其范围已远远超出了计算机科学的范畴。人工智能涉及的相关学科如图1-3所示。人工智能与思维科学的关系是实践和理论的关系，人工智能处于思维科学的技术应用层次，是它的一个应用分支。从思维角度来看，人工智能不能仅仅局限于逻辑思维，还要考虑形象思维和灵感思维，这样才能促进人工智能的突破性的发展。数学常被认为是多种学科的基础科学，数学领域中的标准逻辑、模糊数学对人工智能学科的发展起到了重要推动作用。

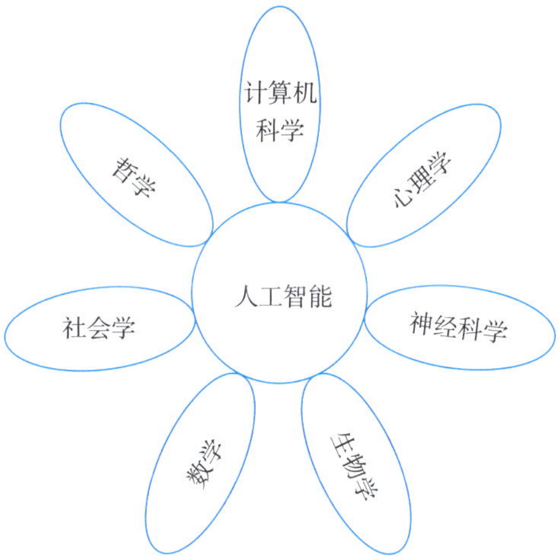

图1-3　人工智能涉及的相关学科

美国麻省理工学院(MIT)尼尔逊教授对人工智能下了这样一个定义："人工智能是关于知识的学科——怎样表示知识，以及怎样获得知识并使用知识的科学。"而麻省理工学院的温斯顿教授认为："人工智能就是研究如何使计算机去做过去只有人才能做的智能工作。"这些说法都反映了人工智能学科的基本思想和基本内容，即人工智能研究人类智能活动的规律，构造具有一定智能的人工系统，研究如何让计算机去完成以往需要人的智力才能胜任的工作，也就是研究如何应用计算机的软件、硬件来模拟人类某些智能行为的基本理论、方法和技术。

1. 人工智能的概念

对人工智能的理解可以分为两部分，即"人工"和"智能"。人工的也就是人造的、模拟的、仿造的、非天然的，与其相对的是天然的。这部分的概念易于理解，争议性也不大。

而对于“智能”的定义，争议较多，因为这涉及其他诸如意识(Consciousness)、自我(Self)、思维(Mind)等问题。人类唯一了解的智能是人类本身的智能，这是得到普遍认同的观点。美国俄克拉何马州州立大学教授、心理学家斯腾伯格(R.Stemberg)就“智能”给出了以下定义：智能是个人从经验中学习、理性思考、记忆重要信息，以及应付日常生活需求的认知能力。

由于我们对自身智能的理解非常有限，因此对构成人类智能的必要元素的了解也非常有限，所以就很难定义什么是“人工”制造的“智能”。人工智能的研究往往涉及对人类智能本身的研究，而关于动物或其他人造系统的智能也普遍被认为是与人工智能相关的研究课题。

从字面上来解释，“人工智能”是指用计算机(机器)来模拟或实现的智能，因此人工智能又可称为机器智能。当然，这只是对人工智能的一般解释。

关于人工智能的科学定义，学术界目前还没有统一的认识。下面摘选部分学者对人工智能概念的描述，可以看作是他们各自对人工智能所下的定义。

人工智能是那些与人的思维相关的活动，诸如决策、问题求解和学习等的自动化(Bellman，1978年)。

人工智能是一种使计算机能够“思维”，使机器具有“智力”的激动人心的新尝试(Haugeland，1985年)。

人工智能是研究如何让计算机做现阶段只有人才能做得好的事情(RichKnight，1991年)。

人工智能是对那些使知觉、推理和行为成为可能的计算的研究(Winston，1992年)。

广义地讲，人工智能是关于智能体的智能行为，包括感知、推理、学习、交流，以及在复杂环境中的行为(Nilsson，1998年)。

StuartRussel和PeterNorvig则把已有的一些人工智能定义归纳为4类：像人一样思考的系统、像人一样行动的系统、理性思考的系统、理性行动的系统。

上述这些定义虽然都指出了人工智能的一些特征，但它们都是描述性的，用于解释人工智能。但如何来界定一台计算机(机器)是否具有智能，它们都没有提及。因为要界定机器是否具有智能，必然要涉及什么是智能的问题，但这却是一个难以准确回答的问题。所以，尽管人们给出了关于人工智能的不少定义，但都没有完全或严格地用“智能”的内涵或外延来定义“人工智能”。

2. 图灵测试

关于如何界定机器智能，早在人工智能学科正式诞生之前的1950年，图灵就提出了图灵测试方法。图灵测试中，提问者会使用电传设备，通过文字与密室里的一台机器和一个人自由对话，如果提问者无法分辨与之对话的两个对象谁是机器、谁是人，则参与对话的机器就被认为具有智能(会思考)，图灵测试的示意图如图1-4所示。在1952年，图灵还提出了更具体的测试标准：如果一台机器能在5分钟之内骗过30%以上的测试者，使测试者不能辨别其机器的身份，就可以判定它通过了图灵测试。

图 1-5 所示是某次图灵测试中的对话内容。我们可以发现，人工智能的回答可谓是天衣无缝，它在逻辑推理方面丝毫不弱于人类。但是在情感方面，人工智能有着天然的缺陷，它只是理性地思考问题，而不会安慰人，因为它缺乏所谓的同理心。

图 1-4　图灵测试的示意图

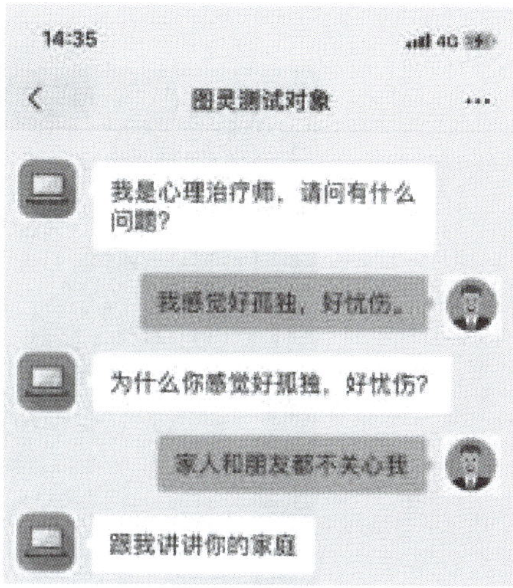

图 1-5　某次图灵测试中的对话内容

虽然图灵测试的科学性受到过质疑，但是它在过去数十年中一直被广泛认为是测试机器智能的重要标准，对人工智能的发展产生了极为深远的影响。当然，早期的图灵测试是假设被测试对象位于密室中。后来，与人对话的可能是位于网络另一端的聊天机器人。随着智能语音、自然语言处理等技术的飞速发展，人工智能已经能用语音对话的方式与人类交流，而不被发现是机器人。在 2018 年的谷歌开发者大会上，谷歌向外界展示了其人工智能技术在语音通话应用上的最新进展，比如通过谷歌 Duplex 个人助理帮助用户在真实世界中预约了美发沙龙和餐馆。

拓展阅读 1-1

人工智能三大学派的前世今生

1.2　人工智能的发展

人工智能发展日新月异，时至今日，已从实验室和特定领域(如棋类博弈)，走向更广泛的应用场景(如智能客服、智能医生、智能家电等)。

1.2.1　人工智能发展历程

1. 人工智能发展的萌芽期

1950 年，著名的“图灵测试”诞生，按照图灵的定义：如果一台机器能够与人类展开对话（通过电传设备）而不能被辨别出其机器身份，那么称这台机器具有智能。同年，图灵还预言人类会创造出具有真正智能的机器。

1954 年，美国人乔治 • 戴沃尔设计了世界上第一台可编程机器人“尤尼梅特”，如图 1-6 所示，并且注册了专利。这种机器人能按照不同的程序从事不同的工作，因此具有通用性和灵活性。

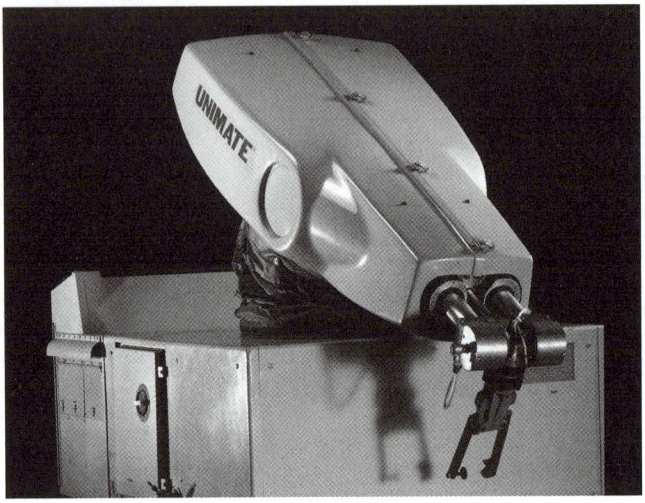

图 1-6　世界上第一台可编程机器人“尤尼梅特”

2. 人工智能发展的启动期

1956 年夏天，达特茅斯会议成功举办，这被认为是人工智能诞生的标志。会上，麦卡锡首次提出“人工智能”这个概念，纽厄尔和西蒙则展示逻辑理论机器。

1966 年，美国麻省理工学院的魏泽鲍姆发布了世界上第一台聊天机器人 ELIZA。ELIZA 的智能体现在它能通过脚本理解简单的自然语言，并能产生类似人类的互动。

1968 年，美国加州斯坦福研究所的道格 • 恩格勒巴特发明了计算机鼠标，如图 1-7 所示。他还构想出了超文本链接的概念，在几十年后成为现代互联网的根基。

1966—1972 年，美国斯坦福国际研究所研制出首台人工智能机器人 Shakey，这是首台采用人工智能的移动机器人。

3. 人工智能发展的消沉期

20 世纪 60 ～ 70 年代，人工智能的发展遭遇了瓶颈。当时，计算机有限的内存和处理速度，不足以解决任何实际的人工智能问题。开始时，研究者们要求程序对这个世界具有儿童水平的认知，但他们很快就发现这个要求太高了。1970 年，还没人能够做出如此巨大的数据库，也没人知道一个程序怎样才能学到如此丰富的信息。由于缺乏进展，对人工智能提供资助的机构（如英国政府、美国国防部高级研究计划局和美国国家科学委员会）逐渐对无方向的人工智能研究停止了资助。

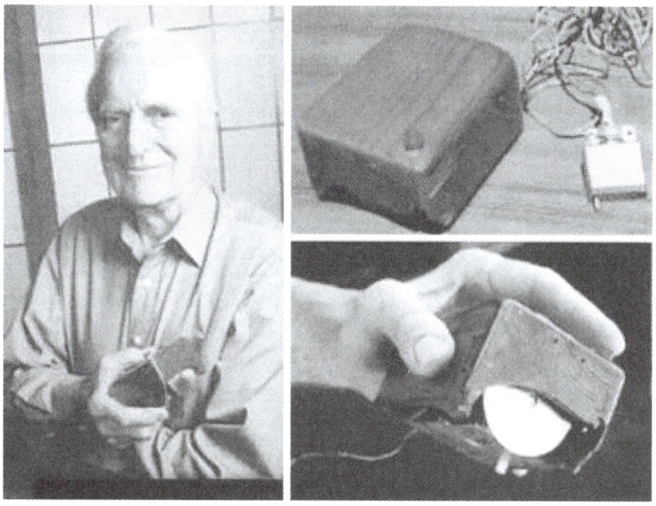

图 1-7 道格・恩格勒巴特发明的计算机鼠标

4. 人工智能发展的突破期

1981 年，日本经济产业省拨款 8.5 亿美元用于研发第五代计算机项目，即人工智能计算机；随后，英国、美国纷纷响应，开始为信息技术领域的研究提供大量资金。

1984 年，在美国人道格拉斯・莱纳特的带领下启动了大百科全书 (Cyc) 项目，其目标是使人工智能应用能以类似人的方式工作。

1986 年，美国发明家查尔斯・赫尔制造出世界上第一台商用 3D 打印机，如图 1-8 所示，该设备采用立体光刻技术，但由于机器庞大和费用高昂，当时的市场接受度并不高。

图 1-8 查尔斯・赫尔与世界上第一台商用 3D 打印机

5. 人工智能发展的新时代

1997 年 5 月 11 日，IBM 公司的计算机“深蓝”战胜国际象棋世界冠军卡斯帕罗夫 (如图 1-9 所示)，成为首个在标准比赛时限内击败国际象棋世界冠军的计算机系统。

图 1-9　计算机“深蓝”战胜国际象棋世界冠军卡斯帕罗夫

2011 年，IBM 开发出使用自然语言回答问题的人工智能程序沃森 (Watson)，其参加美国智力问答节目，打败两位人类冠军，赢得了 100 万美元的奖金。

2012 年，加拿大神经学家团队创造了一个具备简单认知能力、有 250 万个模拟“神经元”的虚拟大脑，命名为 Spaun，并通过了最基本的智商测试。

2013 年，Facebook 成立了人工智能实验室，探索深度学习领域，借此为 Facebook 用户提供更加智能化的产品体验；谷歌收购了语音和图像识别公司 DNNResearch，推广深度学习平台；百度创立了深度学习研究院。

2015 年，谷歌开发了能利用大量数据直接训练计算机来完成任务的第二代机器学习平台 TensorFlow；剑桥大学建立了人工智能研究所。

2016 年 3 月 15 日，谷歌研发的人工智能 AlphaGo 与围棋世界冠军李世石进行人机大战，如图 1-10 所示，最终李世石与 AlphaGo 的总比分定格在 1∶4，以李世石认输结束。这次人机对弈使人工智能正式被世人所熟知，整个人工智能市场也像被引燃了导火线，开始了新一轮爆发。

2017 年 12 月，Vaswani 及其同事发布了名为 *Attention is all you need* 的基础论文，介绍了使用自注意力 (self-attention) 概念来处理顺序输入数据的 Transformer 架构，这使得 long-range dependencies(长期依赖性) 的处理更加高效。自从 Transformer 架构问世以来，其已成为 LLM 开发的关键组件，并在 NLP 领域，如机器翻译、语言建模和问题回答等方面取得了突破性的进展。

图 1-10 谷歌研发的人工智能 AlphaGo 与围棋世界冠军李世石进行人机大战

2018 年 6 月 OpenAI 推出了生成预训练 Transformer(即 GPT-1)，它利用 Transformer 架构有效地捕捉文本中的 long-range dependencies。GPT-1 是首批进行无监督预训练后，展示针对特定 NLP 任务进行微调相关效果的模型之一。此外，谷歌也利用当时还很新颖的 Transformer 架构，在 2018 年底发布并开源了他们自己的预训练方法，称为 Bidirectional Encoder Representations from Transformers，即 BERT。与以前以单向方式处理文本的模型 (包括 GPT-1) 不同，BERT 同时考虑了每个词在两个方向的上下文。

除了 GPT-1 和 BERT，图神经网络 (graph neural networks，GNN) 在那一年也引起了一些轰动。它们属于一类专门设计用于图形数据的神经网络。GNN 利用一种消息传递算法在图的节点和边上传递信息。这使得网络可以以更直观的方式学习数据的结构和关系。有了 GNN，AI 在社交网络分析、推荐系统和药物研究等领域取得重大进展。

2019—2022 年，OpenAI 不断改进升级 GPT，在 2022 年 11 月发布了 ChatGPT。该工具被认为代表自然语言处理领域的顶级成就，针对各种查询和 Prompt(提示) 能够生成连贯且符合上下文的回答。此外，它可以进行对话、提供问题解释、提供创意建议、协助解决问题、编写和解释代码，甚至可以模拟不同的人物个性或写作风格。

2023 年推出的 MMMU(多模态理解)、GPQA(科学问答) 等新基准测试中，AI 模型得分在一年内分别提升 18.8%、48.9% 和 67.3%，部分编程任务甚至超越人类水平。

2024 年全球 78% 企业已部署 AI 工具，较前一年增长 55%，生成式 AI 吸引投资 339 亿美元 (年增 18.7%)；金融、医疗、制造领跑应用：AI 风控响应速度达 3 秒级，FDA 批准 AI 医疗设备数量从 2015 年 6 款增至 2023 年 223 款。

2025 年中国智能算力规模达 1037.3 EFLOPS(年增 43%)，液冷技术降低数据中心能耗 40%。北京、杭州、上海成 AI 城市前三强。其中，北京聚集了全国 35% 的大模型企业，杭州则依托阿里云构建了算法—算力闭环生态 。

1.2.2 人工智能的发展趋势

近年来，一些重大的技术进展和突破让人工智能风靡全球。不可否认，人工智能对各行各业的影响是巨大的。专用人工智能在教育、自驾、电商、安保、金融、医疗、个人助理等领域不断取得突破，涉及人类生活的方方面面。

剑桥大学的研究者预测，未来十年，人类大概 50% 的工作都会被人工智能取代。

(1) 被人工智能取代可能性较小的工作具有如下特征。

① 需要从业者具备较强的社交能力、协商能力及人际沟通能力。

② 需要从业者具备较强的同情心，并为他人提供真心实意的扶助。

③ 创意性较强。

(2) 被人工智能取代可能性较大的工作具有如下特征。

① 不需要天赋，经由训练即可掌握工作技能。

② 简单的、重复性的劳动。

③ 无须持续进行学习的工作。

BBC 基于剑桥大学研究者 Michael Osborne 和 CarlFrey 的数据体系分析了未来 365 种职业在英国的被淘汰概率，部分职业的被淘汰概率如表 1-1 所示。

表 1–1 部分职业的被淘汰概率

序号	职业	被淘汰概率	序号	职业	被淘汰概率
1	电话推销员	99%	18	演员和艺人	37.4%
2	打字员	98.5%	19	化妆师	36.9%
3	会计	97.60%	20	写手和翻译	32.7%
4	保险业务员	97%	21	理发师	32.7%
5	银行职员	96.8%	22	运动员	28.3%
6	政府职员	96.8%	23	警察	22.4%
7	接线员	96.5%	24	程序员	8.5%
8	前台	95.6%	25	健身教练	7.5%
9	客服	91%	26	科学家	6.2%
10	人事	89.7%	27	音乐家	4.5%
11	保安	89.3%	28	艺术家	3.8%
12	房地产经纪人	86%	29	牙医和理疗师	2.1%
13	保洁员、司机	80%	30	建筑师	1.8%
14	厨师	73.4%	31	公关	1.4%
15	IT 工程师	58.3%	32	心理医生	0.7%
16	图书管理员	51.9%	33	教师	0.4%
17	摄影师	50.3%	34	酒店管理者	0.4%

在即将到来的人工智能全新时代，如何让自己变得更具竞争力，如何在人工智能视野下定位自己的发展方向并进行合理的职业规划，变得尤为关键。

近年来，人工智能的进展主要集中在专用人工智能的突破方面，如 AlphaGo 在围棋比赛中战胜人类冠军，人工智能程序在大规模图像识别和人脸识别中达到了超越人类的水平，人工智能诊断皮肤癌达到专业医生水平。

AlphaGo 开发团队创始人戴密斯·哈萨比斯提出，要朝着“创造解决世界上一切问题的通用人工智能”这一目标前进。

1.2.3 通用人工智能的发展

通用人工智能 (Artificial General Intelligence，AGI) 是一种未来的计算机程序，可以执行相当于人类甚至超越人类智力水平的任务。通用人工智能不仅能够完成独立任务，如识别照片或翻译语言，还会加法、减法、下棋和讲法语，还可以理解物理论文、撰写小说、设计投资策略，并与陌生人进行愉快的交谈，其应用并不局限在某个特定领域。

“强人工智能”一词最初是由约翰·希尔勒针对计算机和其他信息处理机器创造的。强人工智能可以独立思考问题并制定解决问题的最优方案，有自己的价值观和世界观体系。

通用人工智能与强人工智能的区别如下：

(1) 通用人工智能强调的是拥有像人一样的能力，可以通过学习胜任人可以做的任何工作，但不要求它有自我意识。

(2) 强人工智能不仅要具备人类的某些能力，还要有自我意识，可以独立思考并解决问题。

约翰·希尔勒想要表达的观点是，人工智能永远不可能像人类那样拥有自我意识，所以人类的研究根本无法达到强人工智能的目标。即使是能够满足人类各种需求的通用人工智能，与自我意识觉醒的强人工智能之间也不存在递进关系。因此，人工智能可以无限接近却无法超越人类智能。

现在世界上有很多机构正向通用人工智能的方向迈进。谷歌 DeepMind 和谷歌研究院正在研究如何通过使用 PathNet(一种训练大型通用神经网络的方案) 和 Evolutionary Architecture Search AutoML(一种为图像分类寻找良好神经网络结构的方法) 实现通用人工智能。微软研究院重组为 MSRAI，专注于对“智能的基本原理”和“更通用、灵活的人工智能”的研究。特斯拉创始人埃隆·马斯克参与创立并领导的 OpenAI 的使命是“建立安全的 AGI，并确保 AGI 的好处尽可能广泛而均匀地分布”。

拓展阅读 1-2

我国人工智能发展成就斐然

1.3 专用人工智能的应用

因为特定领域的任务相对单一、需求明确、应用边界清晰、领域知识丰富，所以建模相对简单，人工智能在特定领域更容易取得突破，更容易超越人类的智能水平。如果人工智能具备某项能力代替人来做某个具体岗位的重复的体力劳动或脑力劳动工作，就是专用人工智能。下面具体介绍专用人工智能的应用情况。

1.3.1 AI +传媒

传媒领域存在大量跨文化、跨语言的交流和互动，应用人工智能语音识别、合成技术，能够根据声纹特征，将不同的声音识别成文字，同时能够根据特定人的声音特征，将文本转换成特定人的声音，并能在不同的语言之间进行实时翻译，将语音合成技术和视频技术相结合，合成虚拟主播，播报新闻。

图 1-11 智能翻译机实时翻译示例

1. AI 语言识别

在 2017 年北京硅谷高创会上，志愿者使用讯飞翻译机服务外国来宾，减少了志愿者的工作压力。工作人员细心周到的团队服务和翻译机精准流畅的即时翻译，受到了与会嘉宾的一致赞扬。讯飞翻译正式成为科大讯飞自有技术布局的重要赛道，除推出面向普通消费者的讯飞翻译机外，面向会务、媒体等多种场合的“讯飞听见”实时中英文转写服务也屡次被报道。

2018 年初，科大讯飞推出了“讯飞听见”App，基于科大讯飞强大的语言识别技术、国际领先的翻译技术，为广大用户提供语音转文字、录音转文字、智能会议系统、人工文档翻译等服务。智能翻译机能够将语言实时翻译成中文和英文，如图 1-11 所示。目前，讯飞开放平台每日在线服务量已超 35 亿人次，用户数超 10 亿。

2. AI 语音合成

2018 年播出的大型纪录片《创新中国》，要求使用已故著名配音演员李易的声音进行旁白解说。科大讯飞利用李易生前配音资料，成功生成了《创新中国》的旁白语音，重现经典声音。在这部纪录片中，由 AI 全程担任“解说员”。制片人刘颖曾表示，就自身的体验而言，除部分词汇之间的衔接略有卡顿外，很难察觉是AI进行的配音。

在2018年11月7日开幕的第五届世界互联网大会上，搜狗与新华社联合发布了全球首个全仿真智能AI主持人。该AI合成主播通过语音合成、唇形合成、表情合成及深度学习等技术，具备与真人主播相同的播报能力，如图1-12所示。

图1-12　AI合成主播

AI合成主播采用新华社中英文主播的真人形象，结合搜狗“分身”的语音、合成等技术，模拟真人播报画面。这种播报形式突破了以往语音和图像合成领域中，只能单纯创造虚拟形象，并配合语音输出唇部效果的约束，提高了观众获取信息的真实感。利用搜狗“分身”技术，AI合成主播还能实时、高效地输出音频和视频合成效果，使用者通过文字输入、语音输入、机器翻译等多种方式输入文本后，就可以获得实时的播报视频。这种操作方式将减少新闻媒体在后期制作方面的各项成本，提高新闻视频的制作效率。同时，AI合成主播具备和真人主播相当的播报能力，能24小时不间断播报。

近几年，AI语音合成技术发展十分迅猛，在多个方面都有显著进步。

科大讯飞在2024年1月发布的讯飞星火V3.5，通过大模型技术，让语音合成的韵律表现力和拟人度大幅提升，超拟人语音合成MOS达到4.5，拟人度达到83%以上，合成效果接近人类日常口语表达习惯，能够呈现呼吸、叹气、语速变化等细节特征，“人味儿”十足。此外，还有一些开源模型，例如，能零样本克隆声音的Spark-TTS，不仅合成语音自然流畅，还支持中英文自由切换。

在语言支持范围上，AI语音合成技术进步也很大。以前语音合成对多语言和方言的处理能力有限，现在能支持的语言和方言种类大大增加。新华社在2024年把“AI合成主播”升级成多方言实时播报系统，可以同时输出闽南语、粤语等8种方言的音视频；中国电信开源的AI语音大模型，能实现30多种方言的自由混说，而且添加新方言时，只需采集不到100小时的数据做微调即可。

从应用场景来看，AI语音合成技术的应用范围越来越广。在新闻传媒领域，它丰富了新闻的呈现形式，智能语音新闻的交互性变强了，像南方报业传媒集团的“小南粤听”语音服务和“智媒主播”数智人，提高了新闻采编发的效率，也丰富了融媒体的内容。在内容创作领域，它更是帮了大忙。例如讯飞智作的数字分身，在新闻、培训、广告、短视频等场景广泛应用，能节省 70% 以上的音视频创作时间和经济成本。讯飞的推文转视频 AI 工具，还能轻松把公众号推文变成视频，同步到视频号宣传，极大地提高了内容创作和传播的效率。

另外，开源和合作的趋势也很明显。开源项目不断涌现，降低了技术门槛，让更多人能参与到技术开发和应用中，像 Spark-TTS 就是 SparkAudio 开源社区联合多个机构发布的。媒体和技术厂商也在加强合作，共同探索语音合成技术在传媒领域更多的应用和创新，如传媒集团和科大讯飞等科技企业展开合作。

然而，AI 语音合成技术在快速发展的同时，也带来了一些问题。2024 年出现了全国首例“AI 生成声音人格权侵权案”，这就提醒我们，在享受技术带来的便利时，也要重视声音权益保护和技术的规范应用。

1.3.2 AI +安防

使用人工智能技术能够快速提取安防摄像头得到的结构化数据，与数据库进行对比，实现对目标的性状、属性及身份的识别。在人群密集的各种场所，可根据形成的热度图判断是否出现人群过密、混乱等异常情况。智慧安防能够对视频进行周界监测与异常行为分析，能够判断是否有行人及车辆在禁区内长时间徘徊、停留、逆行等，能够监测人员奔跑、打斗等异常行为。

1. 天网工程

天网工程是为满足城市治安防控和城市管理需要，利用 GIS 地图、图像采集、传输、控制、显示等设备和控制软件，对固定区域进行实时监控和信息记录的视频监控系统。天网工程通过在交通要道、治安卡口、公共聚集场所、宾馆、学校、医院及治安复杂场所安装视频监控设备，利用视频专网、互联网等网络把一定区域内所有视频监控点的图像传到监控中心 (天网工程管理平台)，对刑事案件、治安案件、交通违章、城管违章等图像信息进行分类，为强化城市综合管理、预防打击犯罪和突发性治安灾害事故提供可靠的影像资料。

由相关部委共同发起建设的信息化工程涉及众多领域，包含城市治安防控体系建设、人口信息化建设等，由上述信息构成基础数据库数据，根据需要进行编译、整理、加工，供授权单位进行信息查询。

天网工程整体按照部级—省厅级—市县级平台架构部署实施，具有良好的拓展性与融合性，为维护社会治安、打击犯罪提供了有力的工具。目前许多城镇、乡村，以及企业都加入了天网工程。

2. AIGuardman

日本电信巨头研发出一款名为 AIGuardman 的新型人工智能安全摄像头，这款摄像头可以通过对人类动作意图的理解，在盗窃行为发生前就准确预测，从而帮助商店识别盗窃行为，发现商店中潜在的扒手。

这套人工智能系统采用开源技术，能够实时对视频流进行扫描，并预测人们的行为。当监控到可疑行为时，系统会尝试将行为数据与预定义的“可疑”行为匹配，如图 1-13 所示，一旦发现两者相匹配就会通过相关手机 App 来通知店主。据相关媒体报道，这款产品能为商店减少约 40% 的盗窃行为。

图 1-13 AIGuardman 分析行为数据

1.3.3 AI + 医疗

随着人机交互、计算机视觉和认知计算等技术的发展，人工智能在医疗领域的各项应用逐渐成熟，可以语音识别医生诊断过程，并对信息进行结构化处理，得到可分类的病例信息；可以通过语音、图像识别技术及电子病历信息进行机器学习，为主治医师提供参考意见；可以通过图像预处理、抓取特征等进行影像诊断。

1. IBM Watson 系统

IBM Watson 系统能够快速筛选癌症患者记录，为医生提供可供选择的循证治疗方案。该系统能不断地从全世界的医疗文献中筛选信息，找到与病人所患癌症相关度最大的文献，并分析相关病例，根据病人的症状和就医记录，选取可能有效的治疗方案。Watson 肿瘤解决方案是该系统提供的众多疾病解决方案之一。

Watson 系统利用不同的应用程序接口，还能读取放射学数据和手写的笔记，识别特殊的图像（如通过某些特征识别出某位病人的手等），并具有语音识别功能。

如果出现相互矛盾的数据，Watson 肿瘤解决方案还会提醒使用者。如果患者的肿瘤大小和实验室报告不一致，Watson 肿瘤解决方案就会考虑哪个数据出现的时间更近，提出相应的建议，并记录数据差异。

根据美国国家癌症研究所的数据，2016 年，美国约有 170 万例新增癌症病例，其中约有 60 万人死亡。癌症已经成为人类的主要死亡原因之一。Watson 肿瘤解决方案仅需 15 分钟左右便能完成一份深度分析报告，而这在过去需要几个月时间才能完成。针对每项医疗建议，该系统都会给出相应的证据，以便让医生和患者进行探讨。

2. 谷歌眼疾检测设备

谷歌旗下人工智能公司 DeepMind 与伦敦 Moorfields 眼科医院合作，已经开发了能够检测超过 50 种眼球疾病的人工智能系统，其准确度与专业临床医生相当。它还能够为患者推荐最合适的方案，并优先考虑那些最迫切需要护理的人。

DeepMind 使用数以千计的病例与完全匿名的眼部扫描对其机器学习算法进行训练，以识别可能导致视力丧失的疾病，该系统的准确率达到了 94%。全球人口老龄化意味着眼病正变得越来越普遍，增加了医疗系统的负担，但这却为 AI 提供了机遇。DeepMind 的人工智能系统通过一种特殊的眼部扫描仪进行训练，研究人员称它与任何型号的仪器都兼容，这意味着它可以广泛使用，而且没有硬件限制。

3. 我国人工智能医疗

我国人工智能医疗虽然起步稍晚，但是热度不减。目前，我国人工智能医疗企业聚焦的应用场景集中在以下方面。

(1) 基于声音、对话模式的人工智能虚拟助理。例如，广州市妇女儿童医疗中心主导开发的人工智能平台可实现精确导诊，并辅助医生诊断。

(2) 基于计算机视觉技术对医疗影像进行快速读片和智能诊断。据腾讯人工智能实验室专家介绍，目前人工智能技术与医疗影像诊断的结合场景包括肺癌检查、糖尿病视网膜病变检查、食管癌检查，以及部分疾病的核医学检查、核病理检查等。

(3) 基于海量医学文献和临床试验信息的药物研发。目前，我国制药企业也纷纷布局人工智能领域。人工智能可以从海量医学文献和临床试验信息等数据中，找到可用的信息并提取生物学知识，进行生物化学预测。据预测，该方法有望将药物研发时间和成本各减少约 50%。

1.3.4 AI + 教育

随着人工智能的逐步成熟，个性化的教育服务将得到进一步发展，“因材施教”可能成为现实。在自适应系统中，可以有一个学生身份的 AI，有一个教师身份的 AI，通过不断演练教学过程来强化 AI 的学习能力，为用户提供更智能的教学方案。此外，可以利用人工智能自动进行机器阅卷，保证主观题的公平公正性，自动判断每个批次考卷的难易程度。

1. 主观题智能阅卷技术

传统阅卷需要占用大量人力、物力资源，且费时费力，而借助人工智能技术，越来越多的阅卷工作可以交给智能测评系统来完成。作文批阅系统主要应用于语文等学科的测评，不仅能自动生成评分，还能提供有针对性的反馈诊断报告，指导学生如何修改，如图 1-14 所示，一定程度上解决了教师因作文批改数量大而导致的批改不精细、反馈不具体等问题。

图 1-14　作文批阅系统示例

2. 课堂教学智能反馈系统

课堂教学智能反馈系统可以分析学生的课堂专注度和学习状态。在教室正前方设置摄像头采集视频，通过前置计算设备或服务器集成的专注度分析模型进行检测与识别，自动分析学生的专注度，实时将专注度及各种行为统计结果反馈给学校管理系统，并在课后生成教学报告，从而实现教学与管理的联动。

1.3.5　AI +自动驾驶

在 L3 及以上级别的自动驾驶过程中，车辆必须能够自动识别周围的环境，并对交通态势进行判断，进而对下一步的行驶路径进行规划。系统除分析本车传感器收集到的数据外，还会分析来自云端的实时信息、与其他车辆或路边设备交换得到的数据，实时数据越多，处理器需要处理的信息就越多，对于实时性的要求也就越高。通过深度学习技术，系统可以对大量未处理的数据进行整理与分析，实现算法水平的提升。深度学习与人工智能技术已经成为帮助汽车实现自动驾驶的重要技术路径。

1. 特斯拉已能实现 L5 级别的自动驾驶

特斯拉创始人马斯克宣布，未来所有特斯拉新车将装配具有全自动驾驶功能的硬件系统 Autopilot 2.0，它适用于所有特斯拉车型，包括最新的 Model 3，配备这种新硬件的 Model S 和 Model X 已投入生产。

Autopilot 2.0 系统还不能立即投入使用，因为它还需要通过在真实世界行驶数百万公里的距离来校准。

据悉，Autopilot 2.0 系统将包含 8 个摄像头，可覆盖 360° 可视范围，对周围环境的监控距离最远可达 250m。车辆配备的 12 个超声波传感器完善了视觉系统，探测和传感软硬物体的距离则是上一代系统的两倍。全新的增强版前置雷达可以通过冗余波长提供更丰富的数据，雷达波还可以穿越大雨、雾、灰尘，对前方车辆进行检测。

马斯克表示，Autopilot 2.0 将完全有能力支持 L5 级别的自动驾驶，这意味着汽车完全可以“自己开车”。

2. 中国无人驾驶公交车

中国无人驾驶公交车——阿尔法巴已开始在广东省深圳科技园区的道路上行驶，如图 1-15 所示。该车目前正在试行，可在长约 1.2km 的公路上行驶 3 站，运行速度为 25km/h，最高速度可达 40km/h。该车仅用 40 分钟即可充满电，单次续航里程可达 150km，可以监测到 100m 之内的路况。

图 1-15　无人驾驶公交车阿尔法巴正在行驶

1.3.6　AI +机器人

“机器人”(Robot) 一词最早出现在 1920 年捷克科幻作家恰佩克的《罗索姆的万能机器人》(*Rossum's Universal Robots*) 中，原文写作 Robota，后来逐渐成为英文单词 Robot。更科学的定义是 1967 年由日本科学家森政弘与合田周平提出的：机器人是一种具有移动性、个体性、智能性、通用性、半机械半人性、自动性、奴隶性 7 个特征的柔性机器。

国际机器人联合会将机器人分为两类：工业机器人和服务机器人。工业机器人是一种应用于工业自动化的、含有 3 个及以上的可编程轴的、自动控制的、可重复编程的、能执行多功能的机构，它可以是固定式的或移动式的。服务机器人则是一种半自主或全自主工作的机器人，它能完成有益于人类健康的服务工作，但不包括从事设备的生产。由定义可见，工业机器人和服务机器人分类的标准是机器人的应用场合。

1. Atlas 机器人

谷歌收购了波士顿动力公司这家代表机器人领域“最高水平”的公司，在 YouTube 上发布了新一代 Atlas 机器人的视频，彻底颠覆了以往机器人重心不稳、笨重迟钝的形象，如图 1-16 所示。

图 1-16 新一代 Atlas 机器人

新一代 Atlas 是机器人发展史上一次质的飞跃，它不仅能在坎坷不平的地面上自如行走，还能完成开门、拾物、蹲下等拟人的动作，而且被挑衅时可以自我调整，被推倒后还可以自己爬起来。

2. 亚马逊仓库里的机器人

2012 年，亚马逊以 7.75 亿美元的价格收购了 Kiva System 公司，后者以做仓储机器人而闻名。

2014 年，亚马逊开始在仓库中全面应用 Kiva 机器人，以提高物流处理速度。Kiva 机器人和我们印象中的机器人不太一样，它就像一个放大版的冰壶，顶部有可顶起货架的托盘，底部靠轮子运动，如图 1-17 所示。Kiva 机器人依靠电力驱动，可以托起最多重 3000 磅 (约 1.3 吨) 的货架，并根据远程指令在仓库内自主运动，把目标货架从仓库移动到工人处理区，由工人从货架上拿下包裹，完成最后的拣选、二次分拣、打包复核等工作。之后，Kiva 机器人会把空货架移回原位。电池电量过低时，Kiva 机器人还会自动回到充电位给自己充电。Kiva 机器人也被用于各大转运中心。目前，亚马逊的仓库中有超过 10 万台 Kiva 机器人，它们就像一群勤劳的“工蚁”，在仓库中不停地走来走去，搬运货物。在过去很长一段时间内，Kiva 机器人几乎是唯一能把复杂的硬件和软件集成到一起的精巧的机器人。

图 1-17　Kiva 机器人

近几年，AI 与机器人的融合发展特别迅速，给我们的生活和工作带来了很多改变。

在技术上，机器人变得越来越聪明。以前的机器人就像设定好程序的简单执行者，只能按部就班完成任务。现在有了 AI，机器人的“大脑”发达多了。深度学习、强化学习这些 AI 技术，让机器人能像人一样学习新知识。例如，通过大量图像数据学习，它能准确识别不同物体；与周围环境互动时，也能及时调整自己的行动策略。以前机器人行动比较“笨拙”，现在精度和速度都有很大提升，还拥有视觉、触觉等感知能力。

从应用领域来看，AI+ 机器人的应用越来越广泛。在制造业，过去工人重复做着焊接、装配这些单调工作，不仅效率低，还容易出错；现在工业机器人派上用场，它们不知疲倦，能 24 小时连续工作，而且生产精度高，生产出来的产品质量更稳定。在物流仓储行业，自主移动机器人可以自动搬运、分拣货物，以前人工分拣货物又累又慢，现在机器人大大提高了物流效率，货物能更快送到客户手中。医疗领域，手术机器人能协助医生进行高难度手术，它们操作精准，能减少手术创伤，让患者恢复得更快。还有服务机器人，能帮人们打扫房间、照顾老人小孩，给生活带来不少便利，例如，机器人为办公大楼擦玻璃 (如图 1-18 所示)，腾讯养老机器人照顾老人，如图 1-19 所示。

图 1-18 机器人擦玻璃

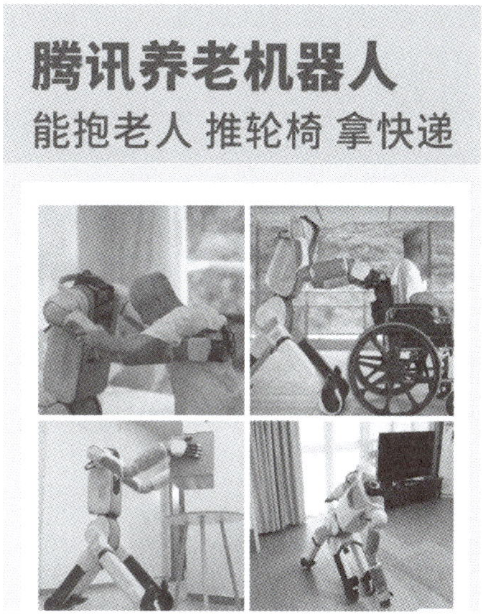

图 1-19 腾讯养老机器人

人形机器人的发展更是引人注目。2024 年被称为人形机器人元年，许多国家和企业都在这个领域发力。华为、特斯拉等企业纷纷进军，推动了产业链快速发展。人形机器人可以灵活执行各种任务，未来有望在更多场景为人类提供帮助。图 1-20 所示为杭州宇树科技的人形机器人在 2025 年春晚表演中国秧歌。

图 1-20 2025 年春晚机器人表演

AI+ 机器人在发展中也面临一些问题。比如技术上，多模态、具身智能等领域还处于早期阶段，还有很大的发展空间；成本方面，研发和生产机器人的成本较高，这限制了它们的普及；伦理和监管上，数据隐私、机器人伤人等问题也需要关注，制定相关法规迫在眉睫。

1.3.7 AI +电子支付

用户身份识别是支付起点。随着人工智能的发展，出现了用生物识别替代通用的“介质安全认证+密码认证”识别方式的趋势。生物识别包括指纹识别、人脸识别、视网膜识别、虹膜识别、指静脉识别、掌纹识别等，它们可以让人在借助更少物体甚至无附属物体的情况下完成身份识别，实现“人即载体”，达到无感识别。

2017 年 9 月 1 日起，支付宝刷脸支付开放部分试点，实现了真正的商用。在杭州某自助餐厅中，用户在自助点餐机上选好餐，进入支付页面，选择“支付宝刷脸支付”，然后进行人脸识别，只需几秒即可识别成功并完成支付，整个过程不足 10 秒。

2024 年 11 月 15 日，由移动支付网、出海记主办的“2024 第二届跨境数字金融产业合规与共生大会”成功举办。NETSTARS 首席技术官、《ChatGPT 驱动软件开发》作者陈斌从实际场景出发，分享了 AI 在支付领域的应用。

AI 识别支付交易中的异常行为。AI 通过分析用户画像、交易特征，可以做到异常检测、判断预警。

1. AI 在支付领域的应用

(1) 支付流程自动化。AI 在支付领域的应用涉及支付、对账、出款，例如，在支付时，根据费率和可用性选择最佳的支付路由；在对账时，进行智能对账；在出款时，有 AI 资金平衡、AI 出款路由等。

(2) 智能支付终端。如目前热门的刷脸支付、刷掌支付等，背后的核心技术就是 AI。之前的 AI 技术条件下，识别此类生物特征需要依赖很复杂的算法。而有了 GPT 之后，就能让事情变得更简单。

2. AI 与跨境支付的融合

(1) 实时货币兑换。在跨境支付中，汇率波动会直接影响交易成本和结算金额。如果无法实时锁定汇率，用户和企业可能面临汇率波动带来的潜在损失。因此，利用 AI 和智能合约锁定实时汇率，可有效降低这种波动风险，确保交易的稳定性和成本的可控性。

(2) 入网审查。在审查客户的真实性时，AI 可用于图像识别、行为分析、自然语言处理等；在审查准确性时，AI 可用于数据清洗与校验、预测分析、自然语言生成；在审查合规性时，AI 可用于合规监控、风险评估、自动化报告。

拓展阅读 1–3

AI 芯片

1.4 生成式人工智能

生成式人工智能正在重塑人类创造内容的方式，其影响覆盖从艺术到科学、从商业到日常生活的各个领域。尽管面临伦理、安全和技术挑战，随着监管框架的完善和技术的持续迭代，生成式 AI 有望成为推动产业升级和社会进步的核心驱动力。未来，人与 AI 的协同创作或将成为常态。

1.4.1 基本概念

生成式人工智能是一种基于深度学习技术的人工智能分支，其核心能力是通过学习海量数据自主生成全新的内容，包括文本、图像、音频、视频、代码甚至3D模型等。其技术原理主要基于深度学习模型(如Transformer、扩散模型、生成对抗网络GAN等)，通过分析训练数据中的模式和规律，建立数据特征之间的映射关系，从而生成符合特定规则或风格的输出内容。

1. 自然语言处理(NLP)领域

(1) Transformer架构：现代生成模型的基础，支持并行计算和长序列处理，典型应用包括GPT系列、BERT等。GPT系列模型(Generative Pre-trained Transformer)主要产品如下：

① GPT-3：1750亿参数，可生成连贯文本、代码、创意写作等。

② GPT-4：多模态模型，支持图文输入，逻辑推理和复杂内容生成能力显著提升。

(2) LLaMA/LLaMA2：开源大语言模型，参数规模从70亿到700亿不等，适合定制化开发。

(3) Claude系列：擅长处理长文本，在企业级应用(如数据分析、文档处理)中表现突出。

2. 计算机视觉(CV)领域

(1) 生成对抗网络(GAN)：通过生成器与判别器的对抗训练生成图像，代表作包括StyleGAN(生成高保真人脸)、Cycle GAN(图像风格转换)。

(2) 扩散模型(Diffusion Models)：通过逐步去噪过程生成图像，画质细腻且可控性强，典型模型有Stable Diffusion、DALL-E系列。

3. 多模态与其他领域

(1) 多模态模型：融合文本、图像、音频等多种数据类型，如Google的Sora(文本生成视频)、Meta的Make-A-Video。

(2) 音频生成：如OpenAI的Jukebox(生成音乐)、Meta的MusicGen(文本生成旋律)。

(3) 代码生成：GitHub的Copilot(根据注释生成代码)、Google的AlphaCode(编程竞赛解题)。

1.4.2　技术发展历程

生成式人工智能技术发展的历程如表1-2所示。

表1-2　生成式人工智能技术发展的历程

阶段	代表性技术	特点
早期探索(1950年—2000年)	马尔可夫链、隐马尔可夫模型(HMM)	基于规则与概率统计，生成能力有限
深度学习革命(2010年)	生成对抗网络(GAN)、变分自编码器(VAE)	可生成逼真的图像与音频
大模型时代(2020年至今)	Transformer架构(GPT、Stable Diffusion)	多模态、高泛化能力

1.4.3 关键技术原理

1. 自回归模型

自回归模型 (Autoregressive Model，AR) 基于概率链式法则，通过历史数据预测下一时刻的输出，核心逻辑是“根据已生成的内容，逐步生成下一个元素”。以语言模型为例，它会根据前文单词预测下一个最可能出现的单词，直到生成完整句子。在自然语言处理领域，GPT 系列模型是典型的自回归模型，其 Transformer 解码器架构采用单向注意力机制，只能关注当前位置之前的内容，确保生成过程符合人类语言从左到右的阅读逻辑。在图像生成中，AR 模型也可通过逐个像素或图块的预测完成图像构建。不过，由于其生成依赖上一步结果，一旦早期出现错误，后续内容可能会“偏离轨道”，且生成速度相对较慢。

2. 扩散模型

扩散模型 (Diffusion Model) 的原理类似于物理中的扩散和去噪过程。它先将真实数据 (如图像) 逐渐添加噪声，直至变成完全随机的噪声分布；训练时，模型学习从噪声反向逐步恢复到原始数据的过程。在图像生成领域，Stable Diffusion、DALL-E3 等均采用这一架构，相比传统生成对抗网络 (GAN)，扩散模型生成的图像质量更高、细节更丰富，对复杂场景和抽象概念的还原度更好。例如，在生成风景图时，扩散模型能精准刻画树木纹理、云层形态等细节。但其训练过程需要大量算力和较长时间，且生成速度较慢，每次生成都需经过多次去噪迭代。

3. 流模型

流模型 (Flow-based Model) 通过一系列可逆变换，将简单概率分布 (如高斯分布) 映射为复杂的数据分布 (如真实图像、文本分布等)。这些变换保持数据的可逆性，即可以通过反向变换还原原始数据，这一特性使得流模型在数据生成、密度估计和数据压缩等任务中表现出色。在图像生成场景中，流模型能快速生成图像，且支持精确的条件生成，如按照指定分辨率、色彩风格生成图像。然而，构建有效的可逆变换较为困难，模型的表达能力受限于变换的复杂度，实际应用中使用频率低于自回归模型和扩散模型。

1.4.4 训练范式

在机器学习和人工智能领域中，训练范式 (Training Paradigm) 是指导模型学习的核心方法论和框架，它定义了模型如何从数据中提取规律、优化参数并实现目标任务。不同的训练范式对应不同的学习逻辑、数据利用方式和优化目标，直接影响模型的性能、适用场景和泛化能力。以下是常用的 3 种训练范式。

1. 最大似然估计

最大似然估计的目标是找到使观测数据出现概率最大的模型参数。在生成式人工智能训练中，模型通过最大化训练数据的对数似然，学习数据的概率分布。例如，语言模型在训练时，根据给定的语料库，调整参数使模型生成该语料库句子的概率达到最大。这种训练方式简单直接，是许多生成模型 (如自回归语言模型) 的基础训练方法，但它倾向于生成常见数据，对低频、新颖内容的生成能力较弱，容易出现“重复”“泛化不足”的问题。

2. 对抗训练

对抗训练源于生成对抗网络 (GAN) 的思想，包含一个生成器和一个判别器。生成器负责生成数据，判别器则判断数据是真实数据还是生成器生成的“假数据”。两者相互博弈，生成器不断优化以欺骗判别器，判别器则不断提升识别能力，最终达到纳什均衡，使生成器生成的数据逼近真实数据分布。在图像生成领域，GAN 及其变体 (如 Style GAN) 通过对抗训练，能够生成高度逼真的人脸、风景等图像。不过，对抗训练存在训练不稳定、模式崩溃 (生成器只生成有限几种模式的数据) 等问题，需要精细调整超参数和网络结构。

3. 提示工程

提示工程 (Prompt Engineering) 并非传统意义上的模型训练方法，而是通过设计和优化输入提示 (Prompt)，引导预训练模型生成符合需求的输出。在大语言模型中，用户输入的问题、指令或文本描述就是提示，例如，在使用 ChatGPT 时，通过精心设计的提问方式和背景信息，可以获得更准确、详细的回答。在图像生成模型中，用户输入的文本描述也是提示，决定了生成图像的主题、风格和细节。优秀的提示工程能够充分挖掘模型潜力，提升生成内容的质量和多样性，但它依赖于用户对模型特性的理解和经验积累。

1.4.5 应用领域

生成式人工智能 (AIGC) 已广泛渗透到多个领域，通过自动化内容生成、创意辅助和效率提升，重塑了传统行业的工作模式。以下是其核心应用领域及典型场景。

1. 内容创作与媒体领域

生成式人工智能在内容创作领域的应用最为直观，覆盖文本、图像、音视频等多种形式，可以大幅降低创作门槛并提升效率。

(1) 文本生成。应用场景：新闻写作、小说创作、营销文案、代码生成、报告撰写等。案例如下：媒体工作者使用 AI 生成体育赛事、财经数据新闻 (如财报摘要)。GitHub Copilot 可根据注释自动生成代码片段，提升编程效率。广告行业通过 AI 生成个性化营销文案 (如电商商品描述、社交媒体推文)。

(2) 图像与视觉设计。应用场景：插画创作、产品设计、影视特效、游戏美术、虚拟场景搭建等。案例如下：Stable Diffusion 等模型可根据文本描述生成高精度图像，用于游戏原画设计 (如角色、场景概念图)。设计师使用 Mid Journey 快速生成设计草图，减少手绘时间成本。影视行业通过 AI 生成虚拟背景 (如《曼达洛人》中的实时虚拟场景)，降低实拍成本。

(3) 音视频生成。应用场景：音乐创作、语音合成、视频剪辑、虚拟主播等。案例如下：OpenAI 的 Jukebox 可根据风格生成完整音乐片段；索尼 AI 通过分析乐谱生成古典音乐。科大讯飞、Google WaveNet 提供逼真的语音合成服务，用于有声书、智能客服语音交互。虚拟主播通过 AI 驱动面部表情和动作，实现 24 小时直播带货。

AI 在艺术创作中的应用如图 1-21 所示。

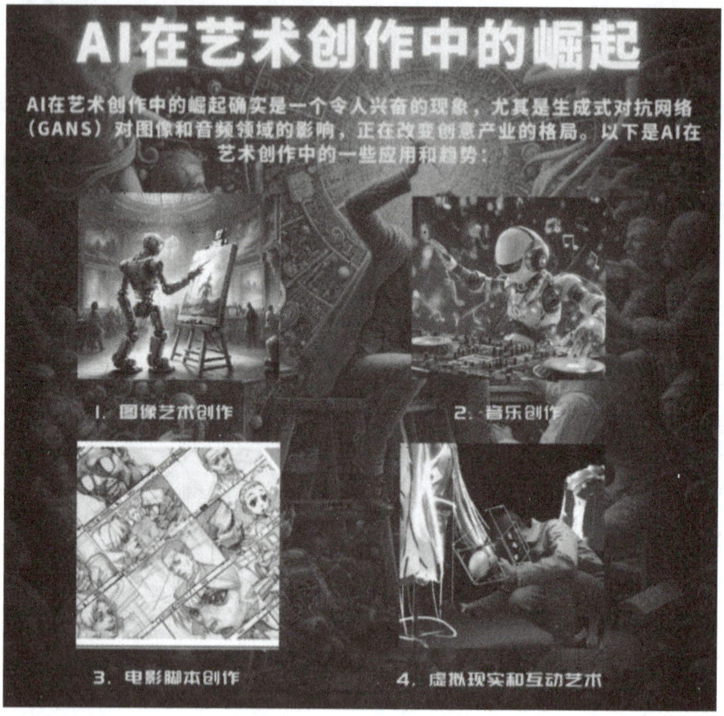

图 1-21　AI 在艺术创作中的应用

2. 教育与培训领域

生成式人工智能为个性化学习和教学提供了新工具，推动了教育模式创新。个性化学习内容应用场景：自适应题库生成、定制化教材编写、语言学习辅助等。案例如下：教育平台根据学生薄弱知识点自动生成练习题，如 Knewton 的智能题库系统；语言学习 APP(如 Duolingo) 通过 AI 生成对话场景，模拟真实语言环境。

智能教学辅助应用场景：教案设计、作业批改、虚拟助教等。案例如下：教师使用 AI 生成课程大纲和课件素材 (如图表、案例)；减少备课时间；自动作文评分系统 (如 Turnitin 的 AI 评分工具) 分析学生写作结构并提供修改建议。

3. 医疗与生命科学领域

生成式人工智能在医疗领域的应用聚焦于数据建模、药物研发和辅助诊断，加速科研进程并提升诊疗精度。药物研发应用场景：分子结构设计、化合物筛选、蛋白质折叠预测等。案例如下：Alpha Fold 通过 AI 预测蛋白质三维结构，助力理解疾病机制 (如癌症靶点研究)；DeepMind 的 Alpha Fold 2 在 2020 年解决了困扰生物学 50 年的蛋白质折叠难题；Insilico Medicine 使用生成模型设计全新药物分子，缩短了临床试验前的研发周期。

医疗影像与诊断应用场景：医学影像分析、病理报告生成、个性化治疗方案推荐等。案例如下：腾讯觅影通过 AI 分析肺部 CT 影像，辅助医生检测早期肺癌 (准确率超 95%)；自动生成病理报告的 AI 系统，可快速总结组织切片特征并提示潜在病变。

NVIDIA 发布的《2025 年医疗 AI 现状与趋势报告》显示，人工智能正在深刻影响医疗与生命科学行业，推动药物研发、医学影像、智能诊断等领域快速发展 (如图 1-22 所示)。报告显示，63% 的医疗企业已正式应用 AI 技术，在提高诊断效率、优化医院管理、加速新药研发等方面发挥重要作用。其中，81% 的企业表示 AI 促进了收入增长，且 45% 的企业在不到一年内见到回报。值得注意的是，66% 的制药企业正在投资生成式 AI，以提升新药研发和精准医疗能力。

医疗 AI 主要应用于 4 大领域。

(1) 医学影像 (71%)：AI 赋能 CT、MRI 影像分析，提高疾病诊断准确性。

(2) 制药与生物科技 (59%)：AI 加速药物发现，缩短研发周期。

(3) 数字医疗 (54%)：AI 辅助临床决策，提高治疗方案智能化水平。

(4) 医疗服务 (48%)：AI 优化行政工作流程，提升医院运营效率。

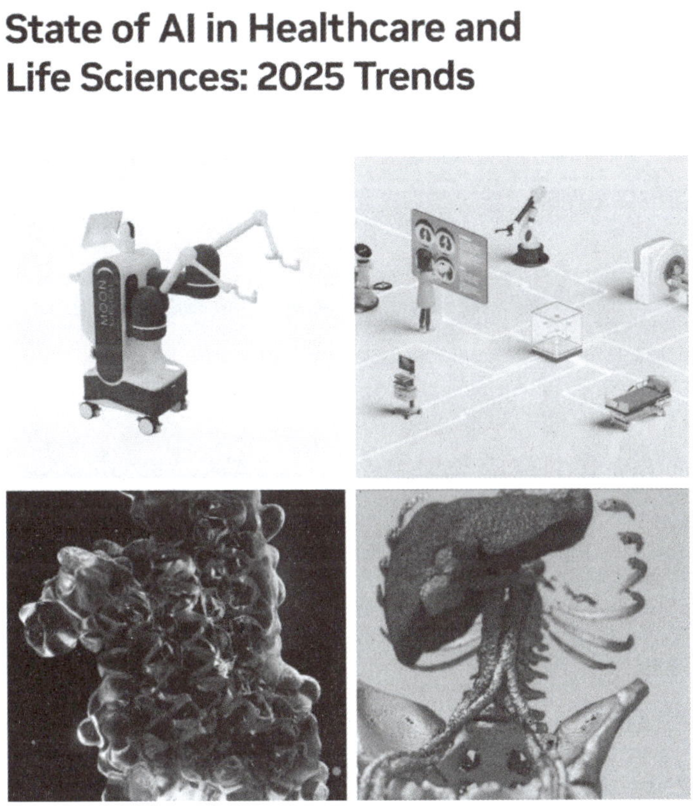

图 1-22　AI 在医疗与生命科学中的应用

4. 工业与制造业领域

生成式人工智能在工业场景中优化设计流程、提升生产效率，并推动智能制造升级。

产品设计与仿真应用场景：机械结构设计、建筑设计、工业流程优化等。案例如下：宝马使用 AI 生成汽车外观设计方案，通过算法优化空气动力学性能；建筑公司利用生成模型设计节能建筑结构，模拟不同光照和气候条件下的性能。

供应链与生产优化应用场景：需求预测、库存管理、生产线调度等。案例如下：亚马逊通过 AI 预测商品需求波动，优化仓储和物流配送路线；富士康引入 AI 生成生产线排班计划，减少设备闲置时间并提升产能利用率。

5. 游戏与娱乐产业

生成式人工智能正在革新游戏开发模式，从内容生成到玩家交互体验均实现突破。游戏内容生成应用场景：地图生成、非玩家角色 (non-player character，NPC) 行为设计、剧情分支扩展等。案例如下：《我的世界》(Minecraft) 使用算法生成随机地形和洞穴结构，提升探索趣味性；AI Dungeon 通过自然语言处理生成动态剧情，玩家输入指令即可触发不同故事线。

虚拟人交互应用场景：游戏角色对话、元宇宙社交、虚拟偶像等。案例如下：网易《逆水寒》引入 AI 非玩家角色 (non-player character，NPC)，可根据玩家对话实时生成个性化反应 (如情感表达、任务分支)(如图 1-23 所示)；虚拟社交平台 (如 VRChat) 中的 AI 驱动角色，支持自然语言对话和表情动作生成。

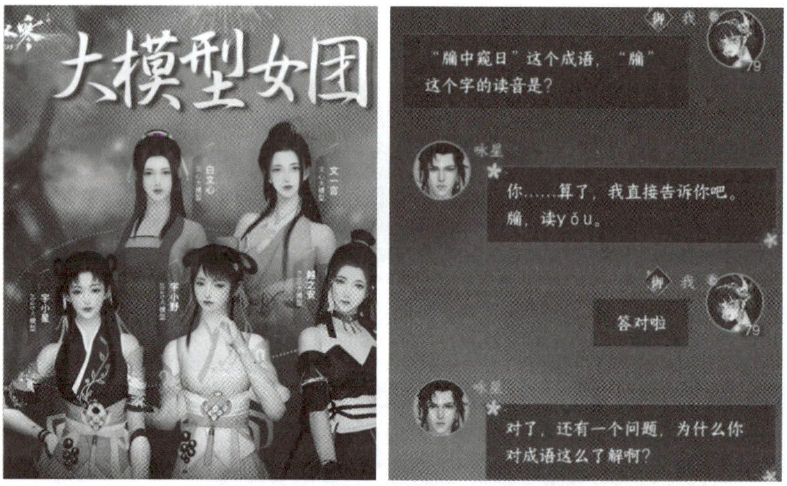

图 1-23　网易《逆水寒》虚拟人应用

6. 其他前沿领域

(1) 科学研究。AI 生成实验方案、模拟物理化学反应 (如材料科学中的分子动力学模拟)。

(2) 金融科技。AI 生成投资报告、自动化客服应答、反欺诈模型优化。

(3) 智慧城市。AI 生成交通流量预测模型、智能电网调度方案、城市规划仿真。

(4) 艺术与文化。AI 生成音乐、诗歌、绘画等艺术品 (如 Google 的 Magenta 项目)，甚至参与文物修复和历史场景还原。

1.5 大模型与多模态大模型

大模型，即具有大规模参数的机器学习模型，通常基于深度神经网络构建，其参数规模可达数十亿甚至数千亿。例如 GPT-3，它拥有 1750 亿个参数，通过在海量文本数据上的训练，展现出强大的语言理解与生成能力。

1.5.1 大模型的特征与发展

1. 大模型的特征

(1) 参数规模庞大。大规模参数赋予模型强大的表达能力，能够学习到数据中复杂的模式和特征，处理多种自然语言处理、计算机视觉等复杂任务。

(2) 数据驱动学习。依赖海量数据进行训练，从数据中自动提取知识和规律，减少人工特征工程的工作量。例如，在自然语言处理中，模型通过学习大量文本，掌握语言的语法、语义和语用规则。

(3) 通用性与泛化能力。经过广泛数据训练的大模型具备跨任务、跨领域的通用性，无须针对每个具体任务进行大量微调，即可在多种相关任务上取得较好效果。如 GPT 系列模型，不仅能进行文本生成、翻译，还可完成问答、摘要等任务。

2. 技术发展历程

大模型的发展是一个逐步演进的过程，主要经历了以下几个重要阶段。

(1) 早期神经网络探索。从简单的感知机到多层感知机 (MLP)，再到卷积神经网络 (CNN) 和循环神经网络 (RNN) 及其变体 (如 LSTM、GRU)，这些早期神经网络为大模型的发展奠定了基础，逐步提升了模型对数据特征的提取能力，但在处理大规模数据和复杂任务时仍存在局限性。

(2) 预训练模型的兴起。2018 年，OpenAI 发布 GPT-1、Google 发布 BERT，开启了预训练模型时代。预训练 + 微调的范式成为主流，模型先在大规模无监督数据上进行预训练，学习通用特征表示，然后针对特定任务在少量有监督数据上进行微调，显著提高了模型在各类 NLP 任务上的性能，降低了对大规模标注数据的依赖。

(3) 大模型的爆发。2020 年，OpenAI 的 GPT-3 以其 1750 亿的参数规模和强大的零样本、少样本学习能力引发广泛关注，标志着大模型时代的真正到来。随后，大量不同领域、不同类型的大模型如雨后春笋般涌现，如 Google 的 Switch Transformer、字节跳动的云雀模型等，参数规模不断扩大，性能持续提升，应用领域也不断拓展。

1.5.2 多模态大模型

1. 多模态融合的概念与意义

多模态大模型旨在处理多种不同类型的数据模态，如文本、图像、音频、视频等。人类在感知和理解世界时，通常会综合利用多种感官来获取信息。多模态大模型模拟这一过程，将不同模态的数据融合，以获得更全面、准确的信息理解和处理能力。多模态融合具有以下重要意义。

(1) 信息互补。不同模态的数据包含的信息具有互补性。例如，在描述一个物体时，文本可以提供物体的名称、属性等语义信息，而图像则能直观展示物体的外观形状、颜色等视觉信息。多模态融合可整合这些互补信息，提升模型对事物的理解和表达能力。

(2) 提升模型泛化性。单一模态数据可能存在局限性，多模态数据能够提供更丰富的上下文信息，帮助模型更好地学习数据背后的规律，从而提升模型在不同场景下的泛化能力，减少对特定模态数据的过拟合风险。

(3) 拓展应用场景。多模态大模型使得人工智能能够处理更贴近真实世界复杂场景的任务。例如，智能客服不仅能理解文本问题，还能处理用户发送的图片或语音；自动驾驶系统需要同时融合摄像头图像、雷达点云数据和地图文本信息等，做出安全的驾驶决策。

2. 多模态大模型的技术实现方式

(1) 早期融合 (Early Fusion)。在数据输入阶段就将不同模态的数据进行融合处理。例如，在图像—文本联合任务中，将图像的特征向量和文本的词向量进行拼接，然后输入到统一的神经网络模型中进行训练。这种方式能够让模型在早期就学习到不同模态数据之间的关联，但对不同模态数据的预处理和特征提取要求较高，且一旦融合后，难以单独对某一模态进行优化。

(2) 晚期融合 (Late Fusion)。不同模态的数据分别经过各自独立的模型进行特征提取和处理，得到各自模态的特征表示，然后在决策层或输出层将这些特征进行融合，如通过加权求和、投票等方式综合不同模态的预测结果。晚期融合灵活性较高，可充分利用现有的单模态模型，但可能无法充分挖掘不同模态数据间深层次的交互关系。

(3) 中间融合 (Intermediate Fusion)。介于早期融合和晚期融合之间，在模型的中间层进行不同模态数据的融合。例如，在 Transformer 架构中，编码器或解码器的某些层将不同模态的特征进行融合，这种方式结合了早期融合和晚期融合的优点，既能够让模型学习到不同模态间的早期关联，又保留了一定的灵活性。

拓展阅读 1-4

主流多模态大模型及分类

1.5.3 大模型与多模态大模型的应用领域

1. 自然语言处理领域应用

(1) 文本生成。大模型在新闻写作、小说创作、文案生成等方面表现出色。例如，一些媒体机构利用大语言模型自动生成体育赛事、财经新闻报道，以快速且准确地传递信息；广告公司使用模型生成吸引人的产品推广文案，以提高营销效率。

(2) 智能客服。多模态大模型赋能智能客服，不仅能理解客户的文本咨询，还能处理语音、图片等输入。例如，客户在咨询产品使用问题时，可直接发送产品图片或操作视频，智能客服通过多模态分析，可以更精准地理解问题并提供解决方案，提升客户服务体验。

(3) 机器翻译。大模型显著提升了翻译的准确性和流畅性，能够处理复杂语境下的多语言互译。如跨国商务交流、国际会议等场景，实时翻译工具借助大模型，打破语言障碍，促进全球信息流通。

2. 计算机视觉领域应用

(1) 图像生成与编辑。多模态大模型能根据文本描述生成特定风格、主题的图像，也能对现有图像进行编辑。设计师利用图像生成模型快速获取设计灵感，生成概念草图；电商平台借助图像编辑模型，自动调整商品图片的背景、颜色等，提高商品展示效果。

(2) 目标检测与识别。在安防监控、自动驾驶等领域，大模型通过对视频图像的分析，可以准确检测和识别目标物体。如安防系统利用大模型实时监测异常行为，及时发出警报；自动驾驶系统通过识别道路上的行人、车辆、交通标志等，保障行车安全。

拓展阅读 1-5

国产大模型加速刷新应用“进度条”

(3) 视频内容理解与生成。多模态大模型能够理解视频中的情节、动作和对话，并可根据给定的文本描述生成视频片段。在影视制作中，可用于辅助生成特效镜头、虚拟场景；在教育领域，能根据教学文本生成对应的动画视频，丰富教学资源。

1.6 智能体概述

在人工智能领域中，智能体 (Agent) 是一个核心概念，它为理解和构建智能系统提供了一个重要的框架。智能体可看作是一个能够感知其所处环境，并通过执行动作对环境产生影响的实体。从简单的程序模块到复杂的机器人系统，智能体的概念广泛应用于各种人工智能应用场景中。

1.6.1 智能体的定义与基本模型

1. 智能体的定义

任何通过传感器 (Sensor) 感知环境 (Environment) 并通过执行器 (Actuator) 作用于该环境的事物都可以被视为智能体。例如，一个在围棋棋盘上对弈的程序，棋盘状态就是其环境，程序通过读取棋盘状态 (感知) 来决定下一步落子 (执行动作)，这个程序就可以被看作是一个智能体；又如，自动驾驶汽车通过摄像头、雷达等传感器感知路况、交通信号等环境信息，并通过控制方向盘、油门、刹车等执行器来行驶，它也是一个智能体。在人工智能的研究范畴内，智能体的定义强调其自主性、反应性、主动性和社会性等特性。自主性指智能体能够在没有人类干预的情况下，自主地决定和执行动作；反应性意味着智能体能够感知环境变化，并及时做出相应的反应；主动性体现为智能体不仅能对环境做出反应，还能够主动地采取行动以实现其目标；社会性则表明智能体能够与其他智能体（包括人类）进行交互和协作。

2. PEAS 模型

智能体的运作通常基于 PEAS 模型，该模型包含性能 (Performance)、环境 (Environment)、执行器 (Actuators) 和传感器 (Sensors)4 个关键要素。

(1) 性能。性能用于衡量智能体在环境中表现的标准，它定义了智能体的目标和任务完成的质量指标。例如，对于一个扫地机器人智能体，其性能指标可以包括清扫覆盖率、清洁程度、完成清扫任务的时间等。不同的智能体根据其任务和应用场景，有不同的性能衡量标准。

(2) 环境。智能体所处的外部世界，包含了智能体可以感知和影响的所有事物。环境可以是静态的（如一个固定布局的室内环境），也可以是动态的（如交通流量不断变化的城市道路）。环境还可分为离散的（如棋盘游戏）和连续的（如物理世界中的机器人运动）。智能体需要适应其所处环境的特性来进行有效的决策和行动。

(3) 执行器。执行器是智能体用于对环境产生作用的部件。对于物理机器人，执行器可以是电机、机械臂等，用于移动身体、抓取物体等动作；对于软件智能体，执行器可能是发送网络请求、修改数据库记录等操作。例如，在一个智能客服软件中，执行器负责将回复信息发送给用户。

(4) 传感器。传感器是智能体用于感知环境信息的设备或模块。在现实世界中，传感器包括摄像头（感知视觉信息）、麦克风（感知音频信息）、温度传感器等；在虚拟环境或软件系统中，传感器可以是读取数据文件、接收网络消息等操作。例如，智能语音助手通过麦克风作为传感器接收用户的语音指令。

1.6.2 智能体的类型

1. 按工作模式分类

(1) 单智能体 (Single Agent)。这类智能体侧重于执行单一任务或一系列相关任务，且不需要与其他智能体进行交互。它独立地感知环境、做出决策并执行动作。例如，一个简单的文本分类程序，接收文本作为输入（感知），运用内部的分类算法进行判断（决策），并输出分类结果（执行动作），全程无须与其他智能体协作。单智能体可以根据任务执行不同的操作，在任务导向层面，能高效完成特定的基础任务，如数据清洗、图像裁剪等。在创新导向方面，一些单智能体可以利用机器学习算法从大量数据中挖掘新的模式或知识；在生命周期导向场景，单智能体可以负责管理一个项目的特定阶段，如软件开发中的代码测试阶段。

(2) 多智能体 (Multi-Agent)。多智能体系统由多个智能体组成，这些智能体之间相互协作或竞争，通过信息共享和交互来共同完成更复杂的任务或目标。在多智能体系统中，每个智能体都有自己的目标和策略，但它们认识到通过与其他智能体合作或竞争，可以更好地实现自身目标或整个系统的目标。例如，在一个分布式机器人协作系统中，多个机器人智能体需要共同完成搬运大型物体的任务，它们通过相互通信来协调各自的位置和动作，以确保物体能够被稳定搬运。在软件行业开发中，多智能体系统可用于模拟不同角色的协作，如产品经理、架构师、工程师等智能体协同工作，从需求分析到代码实现，共同完成软件项目；在智能生产线上，多个智能体可以分别负责不同生产环节，相互配合以提高生产效率；在企业管理中，多智能体系统可模拟不同部门之间的协作与竞争关系，辅助企业进行决策。多智能体系统中的交互形式主要有合作型互动和对抗型互动。合作型互动中，智能体们为了共同目标相互配合，共享信息和资源；对抗型互动则常见于博弈场景，如机器人足球比赛，不同队伍的智能体之间相互竞争，通过策略和行动来战胜对手。

(3) 混合智能体 (Mixed-Agent，人机交互 Agent)。在这种模式下，人工智能系统和人类共同参与决策过程，通过交互合作完成任务，强调人机协作的重要性和互补性。人类具有创造力、直觉和复杂情境下的灵活判断能力，而人工智能智能体则擅长处理大量数据、执行精确的计算和快速的任务。例如，在智慧医疗领域，医生与智能医疗诊断系统合作，系统通过分析大量的医学影像数据、病历信息等，为医生提供疾病诊断的辅助建议，医生再结合自己的临床经验和专业知识做出最终诊断决策；在智慧城市管理中，城市规划师与智能数据分析系统协作，系统根据城市交通、人口分布等数据提供规划方案建议，规划师根据实际情况和人文因素进行调整和完善。

2. 按决策方式分类

(1) 简单反射型智能体 (Simple Reflex Agent)。简单反射型智能体基于“如果—那么”规则，直接响应当前的环境状态，不存储任何历史数据或状态。它只关注当前的感知信息，根据预先设定的规则库来决定执行的动作。例如，一个简单的室内温度控制智能体，当温度传感器感知到室内温度高于设定阈值时，它直接触发空调制冷 (执行器动作)；当温度低于阈值时，触发空调制热。这种智能体结构简单、运行效率高，但只能处理一些规则明确、不需要深度逻辑或历史上下文理解的任务，对复杂多变的环境适应性较差。

(2) 基于模型的反射型智能体 (Model-BasedReflex Agent)。基于模型的反射型智能体拥有环境的内部模型，能够基于对环境的理解和过去的经验做出更复杂的决策。与简单反射型智能体不同，它不仅考虑当前的感知信息，还会利用内部模型来预测环境的变化，并根据这些预测结果选择合适的动作。例如，自动驾驶汽车中的智能体，通过传感器感知当前的路况 (如前方车辆距离、速度、交通信号灯状态等)，同时利用地图数据、交通规则以及自身的行驶历史等构建环境模型，预测未来一段时间内路况的变化，从而决定加速、减速或转向等动作。基于模型的反射型智能体能够更好地应对动态和不确定的环境，但构建和维护准确的环境模型具有一定挑战性。

(3) 基于目标的智能体 (Goal-Based Agent)。基于目标的智能体的决策过程涉及对未来的考虑，它除了了解当前状态的描述，还需要某种描述理想情况的目标信息。其核心是通过规划一系列动作来实现设定的目标。例如，一个机器人在仓库中执行货物搬运任务，它的目标是将特定货物从 A 点搬运到 B 点，它会根据当前自身位置、货物位置、仓库布局等信息，规划出一条从 A 到 B 的最优路径，并通过控制自身移动和机械臂操作等执行器动作来实现这个目标。基于目标的智能体适用于解决复杂任务、目标明确的环境，在任务规划、路径搜索等领域应用广泛。

(4) 基于效用的智能体 (Utility-Based Agent)。基于效用的智能体旨在最大化效用功能或价值，它会精心挑选具有最高预期效用的行动，以衡量结果的有利程度。在面对多个目标或冲突目标时，它通过效用函数对不同行动的可能结果进行评估和权衡。例如，在投资决策场景中，智能体需要考虑多个因素，如预期收益、风险水平、投资期限等，通过定义一个效用函数来量化不同投资组合的效用值，从而选择效用值最高的投资策略。基于效用的智能体在多目标、不确定性或风险较高的环境中具有优势，能够帮助智能体做出更合理、综合的决策。

(5) 学习型智能体 (Learning Agent)。学习型智能体能够通过与环境进行交互，从所获取的经验中学习知识，并利用这些知识来改进自身行为策略，以更好地实现特定目标。它主要由以下几个部分组成。①感知器：负责从环境中获取信息，相当于智能体的“感官”，如机器人的摄像头、麦克风，软件智能体接收的数据输入等。②学习单元：是智能体的“大脑”核心部分，用于处理感知器获取的信息，运用各种学习算法对数据进行分析、归纳和总结，从中提取有价值的知识，并更新智能体的内部模型和行为策略。常见的学习算法包括监督学习 (如分类、回归算法)、无监督学习 (如聚类算法)、强化学习 (通过与环境交互获得奖励信号来学习最优策略) 等。③执行器：根据学习单元确定的行为策略，执行相应的动作，对环境产生影响，如机器人的机械臂、车轮等执行物理动作，以及软件智能体在虚拟环境中执行的各种操作指令。④评价单元：对智能体的行为效果进行评估，根据设定的目标或奖励机制，判断智能体的行为是否朝着期望的方向发展，为学习单元提供反馈信息，以便调整学习策略。例如，在机器人领域，学习型智能体可使机器人适应不同的工作环境和任务要求，通过不断学习来优化操作流程和提高工作效率；在金融领域，学习型智能体可用于风险评估和投资决策，根据市场变化和历史数据不断调整投资策略。

3. 其他类型的智能体

(1) 信念—欲望—意图智能体 (Belief-Desire-Intention Agent)。信念—欲望—意图智能体模拟人类的决策过程，具有对环境的信念 (认知)、目标 (欲望) 和计划 (意图)，能够进行复杂的推理和规划，以达成其目标。例如，Google Duplex 作为一个通过电话完成实际任务的人工智能系统，具有对环境的信念，如理解用户的需求、知道餐厅的开放时间和预约规则；基于用户的指令，有明确的欲望，如为用户预订特定日期和时间的餐厅；并且会制定意图，即通过电话与餐厅交流，询问可用时间，确认预约细节等一系列行动步骤来实现预定目标。

(2) 基于逻辑的智能体 (Logic-Based Agent)。基于逻辑的智能体通常基于一系列逻辑规则，通过推理来解决问题，适合需要高度逻辑判断的场景。例如，法律咨询聊天机器人，通过分析用户的问题和现有的法律规则库，运用逻辑推理出最合适的法律建议或解答。基于逻辑的智能体在知识图谱推理、专家系统等领域有广泛应用。

(3) 分层的 AI 智能体 (Hierarchical AI Agent)。分层的 AI 智能体是按层组织的智能体，高级智能体负责协调低级智能体。不同层级的智能体负责完成不同抽象层次的任务，从高层的任务规划到底层的具体执行，各层次之间相互协作，以实现复杂任务的有效处理。分层的 AI 智能体在机器人、制造和运输等不同领域表现出色，擅长无缝协调多个任务和子任务。例如，在一个复杂的工业生产系统中，高层智能体负责制定生产计划和任务分配，中层智能体将任务分解为具体的操作流程，底层智能体负责执行具体的动作，如机械手臂的抓取和移动等。

1.6.3　智能体的应用领域

1. 自然语言处理领域

(1) 智能客服。智能客服是自然语言处理领域中智能体的典型应用。它通过文本或语音传感器接收用户的咨询信息 (感知)，利用自然语言处理技术对问题进行理解和分析 (决策)，然后生成合适的回答并反馈给用户 (执行动作)。智能客服可以处理大量重复性的问题，如常见的产品咨询、售后服务问题等，提高服务效率和响应速度。一些先进的智能客服还具备学习能力，能够根据与用户的交互历史不断优化回答策略，提升服务质量。

(2) 机器翻译。机器翻译智能体能将一种自然语言翻译成另一种自然语言。它通过读取源语言文本 (感知)，运用语言模型和翻译算法进行分析和转换 (决策)，最终输出目标语言文本 (执行动作)。随着人工智能技术的发展，机器翻译的准确性和流畅性不断提高，在跨国交流、国际商务、学术研究等领域发挥着重要作用，打破了语言障碍，促进了全球信息的流通。图 1-24 所示是科大讯飞的讯飞智作数字人 AI 配音智能体。

图 1-24　讯飞智作数字人 AI 配音智能体

2. 计算机视觉领域

(1) 图像识别与分类。图像识别智能体可以对输入的图像进行分析，识别出图像中的物体、场景等信息，并进行分类。例如，在安防监控系统中，智能体通过摄像头获取视频图像(感知)，对图像中的人物、车辆、异常行为等进行识别和判断(决策)，当检测到异常情况时触发警报(执行动作)。图像识别智能体在交通管理、工业检测、医疗影像分析等领域有广泛应用，如在工业生产中检测产品质量缺陷，在医疗领域辅助医生诊断疾病。

(2) 图像生成。一些智能体能够根据给定的文本描述或其他条件生成图像。例如，DALL-E 等模型可以根据用户输入的文本，如“一只在彩虹下跳舞的独角兽”，通过对文本的理解和学习到的图像模式，生成相应的图像。图像生成智能体在创意设计、广告制作、游戏开发等领域具有很大的应用潜力，为设计师提供灵感，快速生成概念图或虚拟场景。

3. 自动化与控制领域

(1) 自动驾驶。自动驾驶汽车是一个复杂的智能体系统。它通过摄像头、雷达、激光雷达等多种传感器感知周围环境，包括道路状况、交通信号、其他车辆和行人的位置和运动状态等(感知)；利用先进的算法对这些信息进行处理和分析，预测未来路况变化，并做出决策，如加速、减速、转向、保持车距等(决策)；最后通过控制汽车的动力系统、转向系统、制动系统等执行器来实现决策(执行动作)。自动驾驶技术的发展有望提高交通安全性、减少交通拥堵，并为人们的出行带来更多便利。

(2) 智能家居控制。智能家居智能体可以通过传感器感知室内环境信息，如温度、湿度、空气质量、光照强度等，以及用户的操作指令(感知)。根据预设的规则或用户的偏好，智能体控制家电设备、照明系统、窗帘等执行器，实现对家居环境的自动调节和智能控制(执行动作)。例如，当室内温度过高时，智能体自动打开空调制冷；当检测到用户回家时，智能体自动打开灯光和播放用户喜欢的音乐。智能家居智能体提升了家居生活的舒适性、便利性和节能性，如图 1-25 所示。

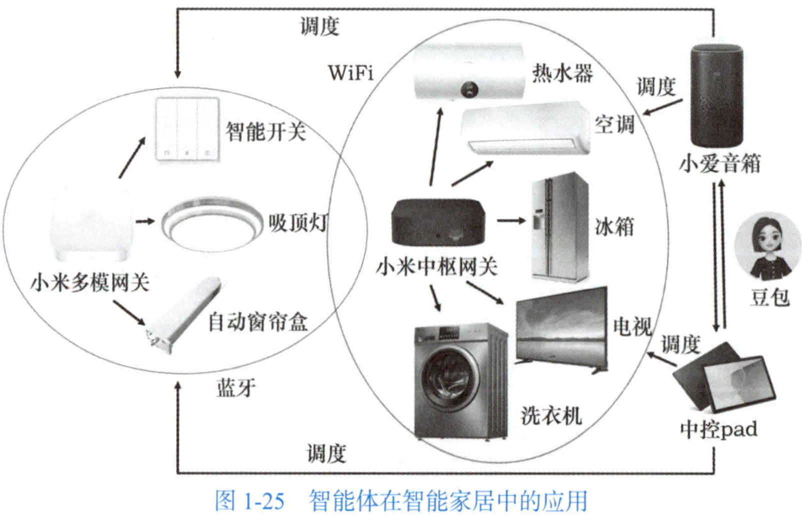

图 1-25　智能体在智能家居中的应用

4. 其他领域

(1) 智能物流与供应链管理。在物流领域，智能体可用于优化物流配送路径规划。智能体根据订单信息、车辆位置、交通状况等数据(感知),运用优化算法计算出最优配送路线(决策),并将路线信息发送给配送车辆(执行动作),以提高物流配送效率,降低成本。在供应链管理中,智能体可以实时监控库存水平、生产进度、市场需求等信息,协调供应商、生产商、分销商和零售商之间的协作,以实现供应链的高效运作。

(2) 智能游戏与娱乐。在游戏开发中,智能体可用于创建具有智能行为的 NPC。这些 NPC 能够感知游戏环境中的信息,如玩家位置、游戏任务目标等,通过决策制定策略并执行动作,与玩家进行交互和对抗,增加游戏的趣味性和挑战性。例如,在策略游戏中,NPC 智能体可以根据游戏局势制定进攻或防守策略;在角色扮演游戏中,NPC 智能体可以根据玩家的行为做出不同的反应和对话。

1.6.4 智能体案例

“讯飞星辰 Agent 开发平台”是科大讯飞倾力打造的智能化开发平台,它为开发者提供了一个功能强大、灵活易用的智能体创建与管理环境。在这个平台上,开发者可以轻松地创建、编排和发布各种智能体,满足不同业务场景的需求。

“声动单词宝智能体”是基于讯飞星辰平台开发的一款专为高效单词学习与记忆打造的创新工具,它以精心设计的单词卡片王模板为核心,融合先进语音技术与科学学习方法,可以根据用户的问题,生成插图的中文 / 英文单词,并生成语音读写。以下是声动单词宝在该平台上创建、编排、发布及查看智能体的详细步骤。

1. 登录平台

使用手机快捷登录方式,登录讯飞星辰 Agent 开发平台 (https://agent.xfyun.cn),开启智能体创建之旅,如图 1-26 所示。

图 1-26 讯飞星辰 Agent 开发平台

2. 创建智能体

在平台界面中找到并单击“创建”按钮，正式进入智能体创建流程。在创建页面中，选择“工作流创建”方式。这种方式能够为用户提供更灵活、个性化的智能体创建体验，如图 1-27 所示。

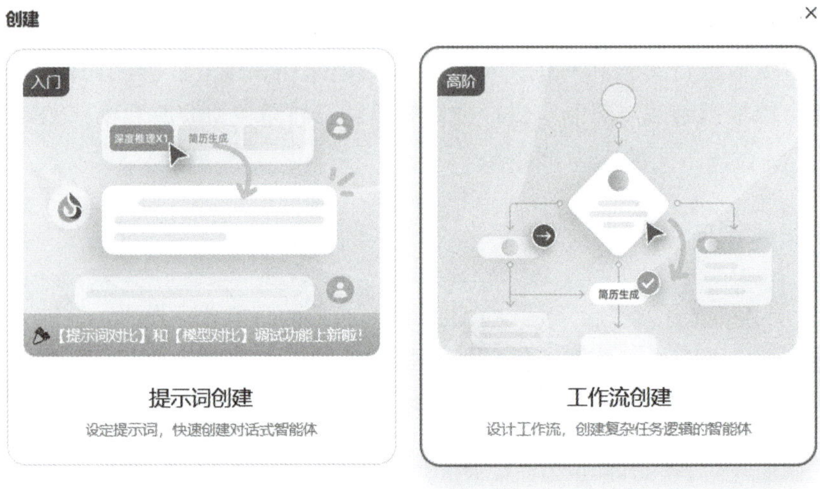

图 1-27　创建流程

3. 挑选智能体模板

在众多可供选择的智能体中，用户可以根据实际需求进行筛选。这里以“有声单词卡片”智能体为例，当用户看到“有声单词卡片”智能体时，单击该智能体选项，进入下一步操作，如图 1-28 所示。

图 1-28　挑选智能体模板

4. 智能体编排

进入智能体编排页面后，会看到如图 1-29 所示的默认编排设置。平台为用户提供了丰富的自定义选项，用户可以根据自身的具体需求，对智能体的各项参数和流程进行灵活修改，以满足个性化的业务场景。

图 1-29 智能体编排

5. 智能体发布

完成智能体编排后，单击“发布”按钮，将智能体发布到讯飞星火平台。这一步将使用户的智能体能够在更广泛的场景中被使用和展示。

在智能体发布之前，还需要完善一些关键信息。请仔细填写智能体名称，确保名称准确、清晰地反映智能体的功能和特点；同时，根据用户的智能体实际情况，选择合适的智能体类型；此外，还需完善智能体简介，简要介绍智能体的主要功能和应用场景，以及精心设计开场白，给用户留下良好的第一印象。所有信息填写完毕后，单击“发布”按钮，完成智能体的正式发布，如图 1-30 所示。

图 1-30 完善智能体的关键信息

6. 智能体查看

发布完成后，回到智能体广场。在这里，可以方便地找到并使用刚刚发布的智能体，对其进行进一步的测试和优化，或者将其应用于实际业务场景中，如图 1-31 所示。

图 1-31　查看智能体

1.7　什么是数字人

在人工智能领域中，数字人又被称为虚拟数字人 (Virtual Human、Digital Human)，是指存在于非物理世界中，由计算机图形学、图形渲染、动作捕捉、深度学习、语音合成等计算机技术创造及使用，并具有多重人类特征 (外貌特征、人类表演能力、人类交互能力等) 的技术产物。

1.7.1　数字人定义

狭义的数字人是指利用信息科学对人体进行虚拟仿真，是信息科学与生命科学融合的产物。其最终目的是建立多学科、多层次的数字模型，实现对人体从微观到宏观的精确模拟。广义的数字人是指数字技术在人体解剖、物理、生理及智能的各个层次、各个阶段渗透的产物。

数字人具备三方面特征：拥有人的外观，具有特定的相貌、性别和性格等人物特征；拥有人的行为，具有用语言、面部表情和肢体动作表达的能力；拥有人的思想，具有识别外界环境、与人交流互动的能力。

从技术层面，数字人可以分为真人驱动型和智能驱动型两大类。从应用层面，数字人主要分为服务型、表演型和身份型三大类。

真人驱动型数字人常借助动作捕捉、面部表情捕捉等技术，将真人的动作、表情精准映射到虚拟形象上，多应用于影视特效、虚拟偶像演出等领域。例如，在科幻电影中，通过动作捕捉技术，演员能将逼真的动作和神态赋予数字角色，让奇幻的外星生物或超能力者栩栩如生地呈现在大银幕上；虚拟偶像洛天依，依靠真人声优配音与动作捕捉，在演唱会舞台上与粉丝热情互动，收获大量拥趸。智能驱动型数字人则基于深度学习、自然语言处理等技术，具备自主思考和行动能力，在智能客服、虚拟导游等场景中发挥重要作用，如银行的智能数字客服，可 24 小时不间断解答客户的业务咨询，快速且准确地提供解决方案。

服务型数字人广泛应用于金融、医疗、教育等行业。在金融领域，数字员工能高效处理重复性业务流程，提升工作效率；医疗行业中，数字医学助手可辅助医生进行病例分析、手术模拟等。表演型数字人凭借独特的形象和才艺，在文娱产业大放异彩，除虚拟偶像外，还用于短视频创作、虚拟演唱会等，为观众带来全新的视听体验。身份型数字人主要用于个人数字分身、虚拟社交等场景，用户可以创建属于自己的数字分身，在元宇宙空间中进行社交、购物、办公等活动，打破现实世界的时空限制。

卡通型数字人风格夸张、色彩鲜明，具有极高的艺术表现力，深受动画、游戏领域喜爱，如迪士尼的卡通角色，以其独特的造型和性格魅力风靡全球。超写实数字人则追求与真人的高度相似，在细节上力求完美，从皮肤纹理到发丝动态都精心雕琢，常用于广告宣传、品牌代言等，如一些美妆品牌启用超写实数字人作为代言人，凭借其无可挑剔的容貌和形象，精准吸引消费者目光。

然而，数字人的发展仍面临诸多挑战。在技术上，如何进一步提升数字人的实时渲染效果，降低计算资源消耗，同时提高智能交互的自然度和准确性，仍是亟待解决的问题；在伦理层面，数字人的身份认定、隐私保护，以及可能引发的就业冲击等问题，也引发了广泛讨论。未来，随着 5G、云计算、人工智能等技术的不断突破，数字人有望在更多领域得到深度应用，与实体经济深度融合，甚至可能改变人类的生活、工作和社交方式，开启一个全新的数字时代。

1.7.2 数字人应用领域

数字人的应用领域广泛，覆盖娱乐、传媒、金融、医疗、教育、政务、电商、社交等多个行业，以下从具体场景展开说明。

1. 文娱与传媒领域

(1) 虚拟偶像与艺人。虚拟偶像 (如洛天依、A-SOUL) 通过动作捕捉、语音合成技术实现舞台表演、直播互动，吸引粉丝经济。数字分身技术可还原已故艺人 (如邓丽君“复活”演出)，或创造虚拟明星参与影视、综艺制作，降低真人合作成本与风险。

(2) 影视与游戏制作。电影中通过数字人技术打造超现实角色 (如《阿凡达》中的纳美人)，减少特效依赖并提升角色真实感。游戏中用于 NPC(非玩家角色) 智能化，使其具备自然语言交互能力，增强玩家沉浸感（如《底特律：变人》中的仿生角色）。

(3) 虚拟演唱会与内容创作。虚拟演唱会（如 Travis Scott 在《堡垒之夜》的虚拟演出）吸引全球观众，突破时空限制。短视频平台推出虚拟主播功能，用户可自定义数字人形象并自动生成内容，降低创作门槛。

2. 金融与服务行业

(1) 智能客服与数字员工。银行、保险等机构部署虚拟客服，提供 7×24 小时业务咨询（如查询账户、办理贷款），结合 AI 实时解答复杂问题，提升服务效率。数字员工可处理重复性流程（如票据审核、数据录入），减少人力成本（如某银行数字员工日均可处理数万笔业务）。

(2) 金融营销与教育。虚拟理财顾问根据用户数据定制投资方案，通过可视化图表与语音讲解传递专业信息。金融知识科普视频中使用数字人主播，以生动的形象解读政策或产品（如证券投资入门教学），如图 1-32 所示。

3. 医疗与健康领域

(1) 医学教学与手术模拟。数字人模型可用于解剖学教学，学生可通过交互操作观察人体结构；虚拟手术模拟器可辅助医生练习复杂手术（如器官移植），降低实操风险。智能护理与康复指导方面，虚拟护士可提醒患者服药、监测生命体征，或通过动作捕捉指导康复训练（如脑卒中患者的肢体恢复练习）。

图 1-32　利川市数字经济展示中心虚拟引导员

(2) 心理健康服务。基于情感计算的数字人心理咨询师，可通过语音语调、面部表情分析用户情绪，并提供心理疏导与干预建议。

4. 教育与培训领域

(1) 个性化教学与语言学习。虚拟教师可根据学生学习进度调整课程难度，如外语学习中实时纠正发音、模拟对话场景（如 AI 口语陪练）。

(2) 职业技能培训。工业领域通过数字人模拟机械操作流程，员工可在虚拟环境中练习设备维修、安全操作等技能，降低培训成本（如石油平台应急演练）。

5. 政务与公共服务

(1) 智能政务大厅。虚拟政务助手引导市民办理业务（如社保查询、证件申领），通过语音交互解答政策疑问，减少窗口排队压力。

(2) 政策宣传与应急科普。数字人主播解读疫情防控、防灾减灾等政策，以动画 + 语音形式提升信息传播效率 (如消防知识科普短视频)，如图 1-33 所示。

图 1-33 创新论坛上的数字人播报

6. 电商与新零售

(1) 虚拟直播带货。品牌商启用超写实数字人主播 (如 AYAYI、柳夜熙) 进行直播带货，规避真人主播档期、舆论风险，同时吸引消费者。

(2) 虚拟试妆与穿搭。美妆电商通过 AR 技术实现数字人试妆，用户上传照片即可模拟口红、眼影效果；服装品牌提供虚拟试衣间，数字人展示穿搭效果并推荐搭配。

7. 社交与元宇宙场景

(1) 虚拟社交与身份分身。用户创建数字分身 (Avatar) 在元宇宙平台 (如 Decentraland、Roblox) 中社交、参会、购物，打破地域限制。

(2) 虚拟婚礼与活动。新人通过数字人举办线上婚礼，亲友可远程参与互动；企业年会、学术会议采用虚拟会场，数字人担任主持人或演讲嘉宾。

未来，随着 AI、5G、XR 技术的发展，数字人将向高智能交互 (如情感理解)、多模态融合 (语音 + 视觉 + 触觉)、全场景渗透 (物理世界与虚拟世界无缝衔接) 演进，甚至可能成为人类在数字世界的“第二身份”，推动各行业的数字化转型与创新。

1.7.3 数字人案例

通过“奇妙元平台”，我们能够轻松制作一个可以进行 PPT 讲解的数字人。奇妙元平台拥有 200 多个数字人形象，涵盖 2D、2.5D、3D 各种风格，包括真人 1:1 克隆数字形象、照片数字形象、3D 卡通、3D 偏写实、3D 超写实等数字形象，用户可根据视频风格和需求选择。奇妙元平台支持图片建模、视频建模、3D 建模三种形式的数字形象定制。若有特殊需求，还能进行数字形象克隆和声音克隆服务，打造专属数字人。

1. 注册登录

奇妙元一站式数字人视频制作，注册地址：https://www.weta365.com。

2. 进入视频制作

登录后，选择菜单“视频制作”，首次使用可以选择“免费试用”。进入数字人视频制作界面，选择“通过 PPT 创建视频”，如图 1-34 所示。

图 1-34　数字人视频制作界面

3. PPT 资料准备

将提前准备好的 PPT 讲义上传至平台，系统将通过自动化解析处理，智能生成各篇章内容，效果如图 1-35 所示。

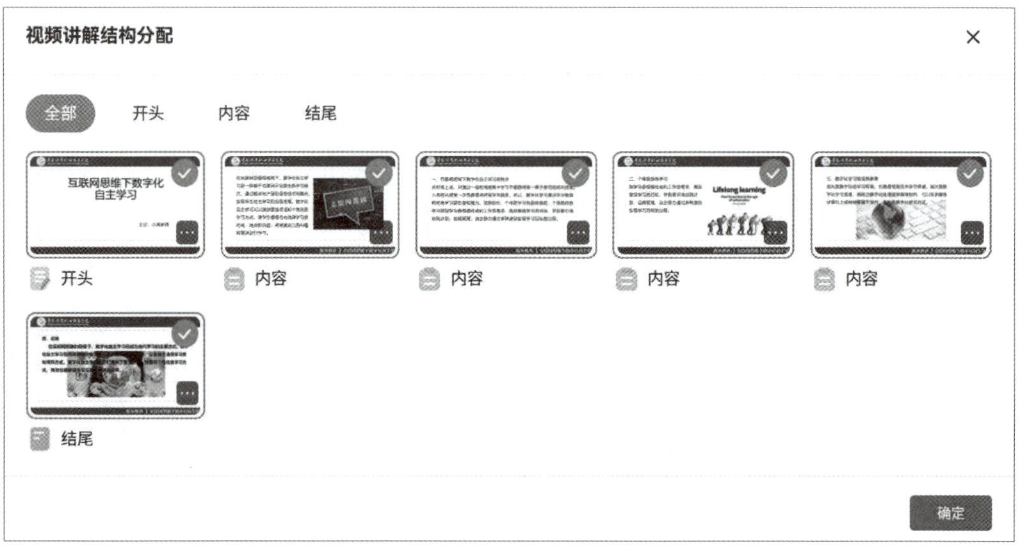

图 1-35　视频讲解结构分配

4. 个性化设置

通过个性化设置功能，可自由挑选不同风格的虚拟人形象，并对语音特色进行定制化调整，如图 1-36 所示。

图 1-36　进行个性化设置

5. 导出视频

单击右上角“合成视频”按钮，根据需要选择分辨率、格式；首次使用会扣除一定合成视频时长，如图 1-37 所示。

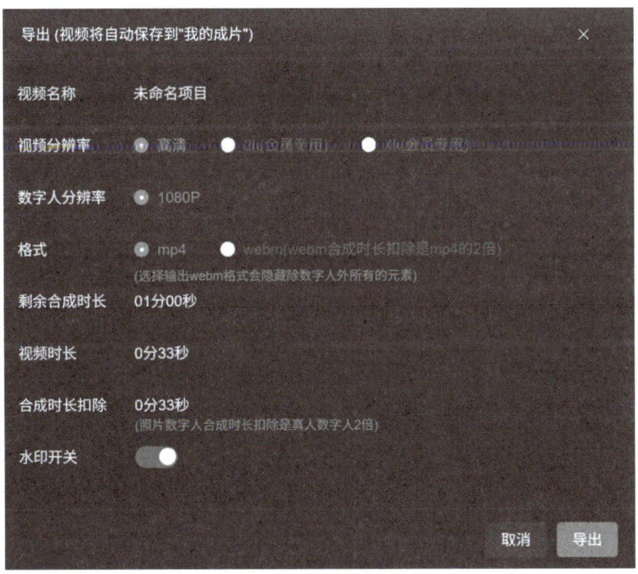

图 1-37　导出视频

视频合成后效果如图 1-38 所示。

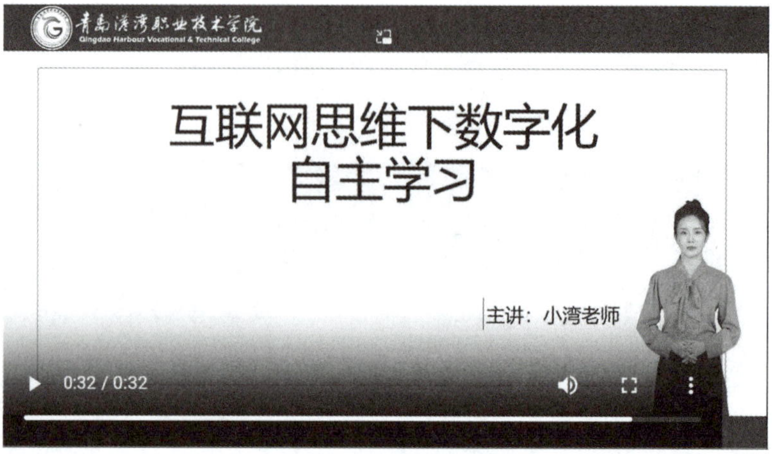

图 1-38　视频合成效果

本章习题

一、基础知识题

1. 下列各项中，不属于“机器人三原则”的是（　　）。

A. 机器人不得伤害人类，或者看到人类受到伤害而袖手旁观

B. 机器人必须服从人类的命令，除非这条命令与 A 选项相矛盾

C. 机器人必须保护自己，除非这种保护与 A 选项、B 选项相矛盾

D. 机器人不能保护自己，需要无条件服从人类

2. 第一次工业革命期间，（　　）大大推动了机器的普及和发展。

A. 蒸汽机　　B. 圆周式蒸汽机

C. 纽科门蒸汽机　　D. 珍妮纺织机

3. “第四次工业革命”的最终目标就是使人类生活全面智能化。下列各项中，不属于“第四次工业革命”特点的是（　　）。

A. 标准化　　B. 个性化　　C. 人性化　　D. 智能化

4. 人工智能学科诞生于（　　）。

A. 20 世纪 60 年代中期　　B. 20 世纪 50 年代中期

C. 20 世纪 70 年代中期　　D. 20 世纪 80 年代中期

5. 以下各项中，不属于人工智能研究范围的是（　　）。

A. 思维　　B. 感知　　C. 行动　　D. 以上都不是

6. 下列各项中，不属于生物识别技术的是 (　　)。

A. 指静脉识别　　B. 掌纹识别

C. 虹膜识别　　D. 字体识别

7. 以下关于通用人工智能的说法中，正确的是 (　　)。

A. 能够完成特别危险的任务的程序，被称为通用人工智能程序

B. 通用人工智能强调的是拥有像人一样的能力，可以通过学习胜任人的任何工作，但不要求它有自我意识

C. 通用人工智能不仅要具备人类的某些能力，还要有自我意识，可以独立思考并解决问题

D. 通用人工智能就是强人工智能

8. 下列各项中，(　　) 不是传统 AI 服务的弊端。

A. 经济价值低　　B. 部署费用贵

C. 运行成本昂贵　　D. 运行速度慢

9. 从部署方式上考虑，不属于人工智能云服务类型的是 (　　)。

A. 公有云　　B. 私有云

C. 无线云　　D. 混合云

10. 下列各项中，不属于微信小程序 AI 应用的是 (　　)。

A. 猜画小歌　　B. 形色识花

C. QQ　　D. 旧照片修复

二、思考题

查阅相关资料，阐述以下问题：人工智能在本专业有哪些应用？本专业对应的岗位在 AI 时代会被人工智能取代吗？你打算如何应对这些变化？

第 2 章

人工智能技术原理

本章聚焦人工智能核心技术原理，系统阐述机器学习、深度学习、计算机视觉、自然语言处理及知识图谱五大模块。从机器学习的三要素(数据、模型、算法)切入，解析监督/无监督学习等经典范式；以神经网络演进为主线，呈现深度学习从感知器到Transformer 的技术突破；计算机视觉部分拆解图像分类、目标检测等核心任务；自然语言处理梳理从规则到深度学习的发展脉络；知识图谱则揭示语义网络在智能搜索、金融风控等场景的应用逻辑。本章通过理论框架与亚马逊(Amazon)推荐系统、ChatGPT 等案例相结合，帮助读者建立从技术原理到产业实践的整体认知。

学习目标

1. 理解机器学习的定义、算法分类及技术原理，了解其在金融反欺诈、自动驾驶等场景的应用逻辑。

2. 掌握深度学习的概念，明确其与神经网络、机器学习的关系，了解卷积神经网络、循环神经网络等核心技术及应用。

3. 明确计算机视觉的处理流程及核心技术，了解其在自动驾驶、医疗辅助等领域的应用场景。

4. 了解自然语言处理的发展历程、一般过程，掌握分词、词性标注等基础技术及在智能问答、文本分析中的应用。

5. 了解知识图谱的定义、表示方法及发展历程，理解其在智能搜索、金融反欺诈等场景中对实体关系的建模价值。

能力目标

1. 能够运用机器学习算法分析金融反欺诈等场景的技术应用逻辑，解释数据、模型、算法三要素的作用。

2. 能够区分深度学习与传统机器学习的特征提取差异，分析其在图像识别、自然语言处理中的技术实现。

3. 能够拆解计算机视觉处理流程，结合图像分类、目标检测等核心技术，解析其在医疗辅助、自动驾驶中的应用。

4. 能够操作自然语言处理的语料预处理与特征工程，分析智能问答、文本分类等任务的技术流程。

素养目标

1. 树立严谨的技术探索态度，培养对人工智能技术的钻研精神。

2. 认识人工智能技术与人类智能的互补关系，建立理性看待AI发展的科学思维。

思维导图

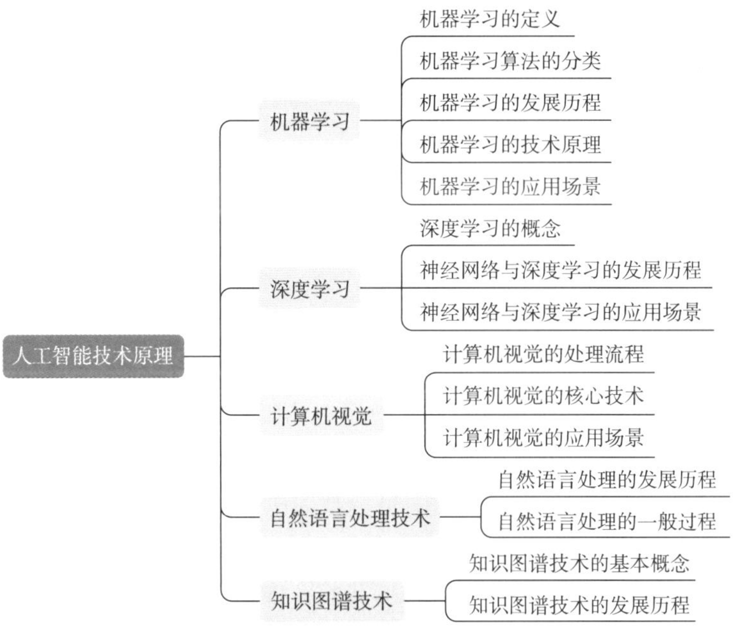

素养园地

工匠精神、劳模精神与人工智能发展的关系

2.1 机器学习

机器学习在很多人眼中是数据科学家的专属武器。许多工程师在学习了大量关于机器学习的理论及算法后，在实际应用过程中仍感到无从下手。近年来，Amazon 工程团队应用机器学习、深度学习技术在全球客服系统智能化、推荐系统本地化及合规性检测自动化等多个方面成功取得了大量的创新成果。Amazon 中国研发中心在 AICon 全球人工智能与机器学习技术大会上分享了 Amazon 工程师的学习和实践经验，告诉广大人工智能工程师如何更快、更好地成为人工智能的实践者。

2.1.1 机器学习的定义

机器学习是一个跨学科的领域，涉及计算机科学、概率论、统计学和近似理论等方面的知识。这个领域不仅要求工程师掌握算法和技术，还要求工程师理解和应用相关的数学原理和模型。在机器学习领域，计算机科学知识是算法设计和系统实现的基础，概率论和统计学知识是分析和解释数据的必备工具，近似理论知识则涉及算法的可学习性和泛化能力。目前，对“机器学习”的认识和理解尚未统一，主要有以下几种定义。

(1) 机器学习是一门与人工智能相关的科学，该领域的主要研究对象是人工智能，特别是如何在经验学习中提升具体算法的性能。

(2) 机器学习是对能通过经验自动改进的计算机算法的研究。

(3) 机器学习是利用数据或以往的经验，优化计算机系统的性能。

简单地按照字面理解，机器学习的目的是让机器能像人一样具有学习能力。机器学习领域奠基人之一、美国工程院院士 Mitchell 教授在其撰写的经典教材《机器学习》(*Machine Learning*) 中，将机器学习定义为“利用经验来改善计算机系统自身的性能”。他认为，机器学习是计算机科学和统计学的交叉，同时也是人工智能和数据科学的核心。一般而言，经验对应历史数据 (如互联网数据、科学实验数据等)，计算机系统对应机器学习模型 (如决策树、支持向量机等)，而性能则对应模型对新数据的处理能力 (如分类精度和预测性能等)。通俗来说，经验和数据是燃料，性能是目标，而机器学习技术则是火箭，是计算机系统通往智能的技术途径。

更进一步说，机器学习致力于研究如何通过计算的手段，利用经验改善自身的性能，其根本任务是数据的智能分析与建模，进而从数据中挖掘出有价值的信息。随着计算机、通信、传感器等技术的飞速发展，信息以指数方式迅速增长。机器学习技术是从数据当中挖掘出有价值信息的重要手段，它通过对数据进行建模，然后估计模型的参数，进而从数据中挖掘出对人类有用的信息。

拓展阅读 2-1

机器学习和数据挖掘

2.1.2　机器学习算法的分类

一般而言，机器学习可分为有监督学习和无监督学习两大类，当然还可以扩展出半监督学习、强化学习甚至迁移学习等方向。

1. 监督学习

在监督学习 (Supervised Learning) 过程中，同时提供给计算机数据和标签，即不断地向计算机提供数据和这些数据对应的值 (代表正确答案的标签)，如给计算机提供猫和狗的图片，并告诉计算机哪些是猫哪些是狗，让计算机去学习如何分辨猫和狗。

2. 无监督学习

在无监督学习 (Unsupervised Learning) 过程中，只给计算机提供数据但不提供标签，如给计算机提供猫和狗的图片，但不告诉计算机哪些是猫哪些是狗，而让它自己去判断和分类。无监督学习不提供数据所对应的标签信息，计算机通过观察数据间的不同特性而总结出规律。

3. 半监督学习

半监督学习 (Semi-supervised Learning) 是综合了有监督学习和无监督学习的优点和缺点后而采取的一种学习方法，它利用少量有标签的样本和大量无标签的样本对计算机进行训练。

4. 强化学习

在强化学习 (Reinforcement Learning) 过程中，把计算机丢到一个完全陌生的环境中，或让计算机完成一项未接触过的任务，它自己会尝试各种手段，最后让自己成功适应，或学会完成任务的方法。

人工智能、机器学习和深度学习之间的关系如图 2-1 所示。人工智能是一个广泛的领域。机器学习是实现人工智能的一种方法，属于人工智能的一个分支。而深度学习是机器学习的一个分支，用于解决复杂问题。

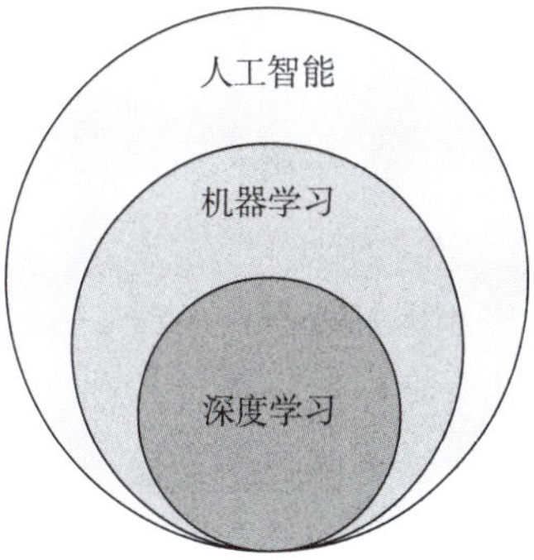

图 2-1　人工智能、机器学习和深度学习之间的关系

学习是人类具有的一种重要智能行为。人类一直梦想机器能像人类一样学习，也一直在为这个终极目标努力。

机器学习的主要研究对象是人工智能，专门研究计算机怎样模拟或实现人类的学习行为，以获取新的知识或技能，让计算机重新组织已有的知识结构并不断改善自身的性能。机器学习是人工智能的核心，是使计算机具有智能的根本途径。机器学习是根据生理学、认知科学等对人类学习机理的了解，建立人类学习过程的计算模型或认识模型，发展各种学习理论和学习方法，研究通用的学习算法并进行理论上的分析，建立面向任务的具有特定应用的学习系统。

2.1.3 机器学习的发展历程

早在古代，人类就萌生了制造智能机器的想法。中国人在 4500 年前发明的指南车，三国时期诸葛亮发明的人尽皆知的木牛流马；1770 年英国公使给中国皇帝进贡了一个能写“八方向化，九土来王”8 个汉字的写字人钟 (至今还保存在故宫博物院)……这些例子，都只是人类早期对机器学习的一种认识和尝试。

真正的机器学习研究起步较晚，它的发展过程大体可分为以下 4 个阶段。

第一阶段，20 世纪 50 年代中叶到 60 年代中叶，被称为机器学习热烈期。

第二阶段，20 世纪 60 年代中叶至 70 年代中叶，被称为机器学习冷静期。

第三阶段，20 世纪 70 年代中叶至 80 年代中叶，被称为机器学习复兴期。

第四阶段，1986 年至今。在此阶段，机器学习综合了应用心理学、生物学和神经生理学，以及数学、自动化和计算机科学，形成机器学习理论基础，同时还结合各种学习方法，取长补短，形成集成学习系统。此外，机器学习与人工智能各种基础问题的统一性观点正在形成，各种学习方法的应用范围不断扩大，同时出现商业化的机器学习产品，还积极开展与机器学习有关的学术活动。

1. 20 世纪 40—50 年代：萌芽与探索

1950 年，艾伦 • 图灵 (Alan Turing) 在其论文《计算机器与智能》(Computing Machinery and Intelligence) 中提出了著名的图灵测试，为机器智能提供了一个可操作的定义，并预言“机器能够像人类一样学习”，这一思想犹如一颗种子，为后续机器学习的研究埋下了伏笔，图灵也因此被誉为人工智能的精神之父。

1952 年，IBM 工程师亚瑟 • 塞缪尔 (Arthur Samuel) 开发出第一个可以自我学习的跳棋程序。该程序能够通过特征评估和树搜索算法，在不断对弈中改进自己的棋艺，并在 1959 年击败了塞缪尔本人，1962 年战胜了康涅狄格州的跳棋冠军。塞缪尔将机器学习定义为“无须明确编程即可改进性能的研究”，这一定义沿用至今，标志着机器学习作为一个独立研究领域的开端。

1957 年，心理学家弗兰克 • 罗森布拉特 (Frank Rosenblatt) 受生物视觉系统启发，发明了感知机 (Perceptron)。这是一种单层神经网络，能够通过 Rosenblatt 算法完成简单的二元线性分类任务，并且在 IBM 704 计算机上实现了手写字母识别，引发了第一次神经网络研究热潮。美国海军甚至资助该项目用于图像识别，称其为“能学习、会自我改进的机器”。感知机的出现，为神经网络的研究提供了重要的实践基础，也让人们看到了机器学习在模式识别领域的巨大潜力。

2. 20 世纪 60—70 年代：符号主义崛起与连接主义低谷

(1) 符号主义的黄金时代。

20 世纪 60 年代，以约翰 • 麦卡锡 (John McCarthy)、艾伦 • 纽厄尔 (Allen Newell) 和赫伯特 • 西蒙 (Herbert Simon) 为代表的符号主义学派主导了人工智能研究。他们主张通过逻辑规则和知识库构建智能系统，认为智能行为可以通过对符号的操作和推理来实现。1965 年，斯坦福大学的爱德华 • 费根鲍姆 (Edward Feigenbaum) 开发了 DENDRAL 系统，它能够根据质谱数据推断分子结构，开创了专家系统的先河。1973 年，卡内基梅隆大学研发的 MYCIN 系统在血液病诊断中达到了专家水平，进一步展示了知识工程的巨大潜力。这一时期，符号主义者共获得 4 次图灵奖 (1969 年明斯基、1971 年麦卡锡、1975 年纽厄尔与西蒙)，彰显了其在学术领域的统治力。

(2) 连接主义的第一次寒冬。

1969 年，马文 • 明斯基 (Marvin Minsky) 和西摩尔 • 帕普特 (Seymour Papert) 出版了《感知机：计算几何学导论》(*Perceptrons: An Introduction to Computational Geometry*) 一书，指出单层感知机网络无法解决异或 (XOR) 问题，这一理论限制使得神经网络的研究陷入困境。加上当时计算能力有限，无法满足复杂神经网络的训练需求，直接导致神经网络研究经费锐减，美国政府终止了多数相关项目，神经网络研究进入了长达十多年的 “寒冬期”，这也是第一次人工智能寒冬的重要组成部分。

不过，在连接主义的低谷期，仍有一些学者坚持探索。1974 年，保罗 • 沃博斯 (Paul Werbos) 提出了反向传播算法 (Backpropagation)，该算法能够有效计算多层神经网络中误差的反向传播，从而实现对网络参数的高效调整。但由于当时缺乏足够的计算资源来验证其有效性，这一重要成果未能得到应有的重视。1980 年，福岛邦彦发明了 Neocognitron，这是卷积神经网络 (CNN) 的雏形，其局部感受野思想深刻影响了后来的图像识别研究，为神经网络的复兴埋下了希望的种子。

3. 20 世纪 80 年代—21 世纪第一个十年：多元范式与算法革命

(1) 连接主义的复兴。

1986 年，大卫 • 鲁梅尔哈特 (David Rumelhart)、杰弗里 • 辛顿 (Geoffrey Hinton) 等人重新发现了反向传播算法，并在《自然》(*Nature*) 杂志上发表论文，证明多层神经网络可以通过反向传播算法解决复杂的非线性问题。这一突破重新点燃了人们对神经网络的研究热情，标志着连接主义的复兴，神经网络再次成为机器学习领域的研究热点。此后，多层感知机 (MLP) 等各种神经网络模型不断涌现，在语音识别、图像识别等领域取得了一系列重要成果。

1998 年，杨立昆 (Yann LeCun) 将反向传播算法与卷积结构相结合，开发出 LeNet - 5 网络。LeNet - 5 网络是第一个成功应用于数字识别的卷积神经网络，在 MNIST 手写数字识别任务中达到了 99.2% 的准确率，奠定了现代卷积神经网络的基础，其在图像识别领域的成功应用，为后续深度学习的发展提供了重要的技术支撑。

(2) 统计学习理论的崛起。

20 世纪 90 年代，统计学习理论逐渐兴起，为机器学习带来了新的发展方向。1995 年，弗拉基米尔 • 万普尼克 (Vladimir Vapnik) 提出了支持向量机 (SVM)，该算法通过核技巧将线性分类器的应用范围扩展到高维空间，能够有效地解决小样本、非线性和高维模式识别问题。SVM 在文本分类、图像识别等领域表现优异，成为 20 世纪 90 年代机器学习的主流工具之一。同时，利奥·布雷曼 (Leo Breiman) 提出了随机森林算法，将决策树与集成学习相结合，通过构建多个决策树并综合它们的预测结果，显著提升了分类的稳定性和准确性。这些基于统计学习理论的算法，推动了机器学习从依赖符号规则向基于数据驱动的方向转变，使机器学习在理论和实践上都取得了重大进展。

(3) 深度学习的蛰伏期。

2006 年，杰弗里·辛顿 (Geoffrey Hinton) 团队在《科学》(*Science*) 杂志上发表论文，提出了深度信念网络 (DBN)。深度信念网络通过逐层预训练的方法有效地解决了深度神经网络训练中的梯度消失问题，使得训练深层神经网络成为可能。这一工作被视为深度学习复兴的起点，但在当时受限于计算能力和数据规模，深度学习尚未引起广泛关注，处于蛰伏阶段，等待着合适的时机爆发。

4. 21 世纪第二个十年至今：深度学习的爆发与突破

(1) ImageNet 革命与深度学习的崛起。

2012 年，在 ImageNet 大规模视觉识别挑战赛 (ILSVRC) 中，亚历克斯·克里泽夫斯基 (Alex Krizhevsky) 等人设计的 AlexNet 网络以 15.3% 的错误率夺冠，远远超过第二名 26.2% 的错误率，震惊了计算机视觉领域。AlexNet 使用 ReLU 激活函数来缓解梯度消失问题，并引入 Dropout 正则化技术防止过拟合，首次证明深度学习在大规模图像识别任务中的巨大潜力，开启了深度学习的新时代。此后，深度学习在学术界和工业界迅速发展，各种深度学习模型和算法不断涌现，在图像识别、语音识别、自然语言处理等多个领域取得了突破性进展。

2014 年，伊恩·古德费洛 (Ian Goodfellow) 提出了生成对抗网络 (GAN)，该模型由生成器和判别器组成，通过两者之间的对抗训练，使机器能够生成逼真的图像、音频等数据。GAN 的出现为生成式模型的发展开辟了新的道路，在图像生成、风格迁移、数据增强等领域得到了广泛应用。2015 年，微软研究院的何恺明等人提出了 ResNet(残差网络)，通过引入残差连接，成功将网络深度推至 152 层，有效解决了深层网络训练中的梯度消失和梯度爆炸问题，使得模型的性能得到极大提升。在 ImageNet 数据集上，ResNet 的错误率降至 3.6%，首次超越了人类水平，进一步推动了深度学习在图像领域的应用和发展。

(2) 自然语言处理领域的突破。

2017 年，谷歌提出了 Transformer 架构，该架构基于自注意力机制，摒弃了传统循环神经网络 (RNN) 和卷积神经网络 (CNN) 的序列计算模式，能够并行处理输入序列，极大地提高了计算效率和模型性能。Transformer 架构在自然语言处理领域引起了革命性的变化，取代 RNN 成为自然语言处理的新范式，并催生了一系列基于 Transformer 的预训练语言模型，如 BERT、GPT 等。2018 年，谷歌发布的 BERT(Bidirectional Encoder Representations from Transformers) 模型在多个自然语言处理任务上取得了优异的成绩，如文本分类、情感分析、问答系统等，开启了预训练语言模型的时代。2019 年，OpenAI 发布的 GPT - 2 模型展示了强大的文本生成能力，能够生成连贯、自然的文本段落。2020 年，OpenAI 发布的 GPT - 3 模型拥有高达 1750 亿个参数，在多种自然语言处理任务上表现出色，如文本创作、代码生成、机器翻译等，引发了生成式人工智能 (AIGC) 的浪潮，使自然语言处理技术达到了一个新的高度。

(3) 强化学习的重大进展与多领域应用拓展。

2016 年，DeepMind 公司的 AlphaGo 击败围棋世界冠军李世石，展示了强化学习与蒙特卡洛树搜索相结合在复杂策略游戏中的巨大威力。AlphaGo 通过自我对弈的方式进行强化学习，不断优化其策略网络和价值网络，从而在围棋领域达到了超越人类的水平。这一成果引起了广泛的关注，推动了强化学习在其他领域的研究和应用，如机器人控制、自动驾驶、资源管理等。近年来，强化学习在多智能体系统、连续控制、决策优化等方面取得了一系列重要进展，为解决复杂的实际问题提供了新的思路和方法。同时，机器学习与其他领域的交叉融合也不断深入，如多模态融合技术 (如 CLIP、DALL - E 等模型实现了文本 - 图像跨模态理解) 推动了具身智能的发展，使得智能体能够更好地感知和理解多种模态的信息，并做出相应的决策和行动。

2.1.4　机器学习的技术原理

机器是有可能自己学习事物规律的，那么如何才能让它学到规律呢？我们先来看下面这个故事。

猫妈妈让小猫去捉老鼠，小猫问:“老鼠是什么样子啊？”猫妈妈说:“老鼠长着胡须。”结果小猫找来一头大蒜。

猫妈妈又说：“老鼠有四条腿。”结果小猫找来一个板凳。

猫妈妈再说：“老鼠有一条尾巴。”结果小猫找来一个萝卜。

在这个故事里，小猫就相当于一个基于规则 (Rule-Based) 的计算机程序，它完全听命于开发者猫妈妈的指令行事。但是三次指令都不够全面，三次都得出了错误的结果。如果要把小猫变成一个基于机器学习模型 (Model-Based) 的计算机程序，猫妈妈该怎么做呢？猫妈妈应该给小猫看老鼠和其他动物的图片 (如图 2-2 所示)，并告诉小猫哪些是老鼠，哪些不是。

图 2-2　老鼠和其他动物的图片

猫妈妈可以先告诉小猫，要注意老鼠的耳朵、鼻子和尾巴。然后小猫通过对比发现：老鼠的耳朵是圆的，别的动物要么没耳朵，要么耳朵不是圆的；老鼠都有尾巴，别的动物有的有尾巴，有的没有尾巴；老鼠的鼻子是尖的，别的动物的鼻子不一定是尖的。

然后小猫就以自己学习到的“老鼠是圆耳朵、有尾巴、尖鼻子的动物”为线索去抓老鼠，此时小猫就成了一个“老鼠分类器”。小猫 (在此处类比为一个计算机程序) 是机器 (Machine)，它成为“老鼠分类器”的过程，就叫作学习 (Learning)。猫妈妈给的图片是用于学习的数据 (Data)。猫妈妈告诉小猫要注意的几点，是这个分类器的特征 (Feature)。学习的结果是小猫变成了“老鼠分类器”，“老鼠分类器”就是一个模型 (Model)。这个模型的类型可能是逻辑回归，或者朴素贝叶斯，或者决策树……总之是一个分类模型。小猫思考的过程就是算法 (Algorithm)。无论是有监督学习，还是无监督学习，都离不开数据、模型、算法这三个要素。

小猫通过学习成为“老鼠分类器”的过程就属于典型的有监督学习。因为在图 2-2 中，不仅有老鼠、非老鼠的图片，而且在每张老鼠图片的下面还有一个绿色的对勾，表明这是一只老鼠；而非老鼠的图片下面是一个红叉号，表明这不是一只老鼠。每一张图片都是一个数据样本 (Sample)。下面的对勾或者叉号，就是这个数据样本的标签 (Label)。给样本打上标签的过程，就叫作标注 (Labeling)。标注这一过程，机器学习程序本身无法解决，必须依靠外力实现。正如图片中这些对勾或叉号都是猫妈妈打上去的，而不是小猫。

小猫通过学习过程可以获得给图片打对勾或打叉号的能力。如果小猫已经能够给图片打对勾或者打叉号，就说明它已经是一个完整学习的模型。

我们再来看一个案例，有 6 张马的图片作为无监督学习数据样本，如图 2-3 所示，需要根据它们的体貌区分它们的种族。如果告诉你，要关注的特征是独角和翅膀，而且它

图 2-3　无监督学习数据样本

们一共可以被归为 3 个种族。这样就能分出来了：两匹有独角的马一组 (它们叫独角兽)；两匹有翅膀的马一组 (它们叫飞马)；另外两匹普通的马一组 (它们叫陆马)。这就是一次有趣的无监督学习的过程。

一般来说，机器学习的过程大致分为以下几个步骤。

(1) 数据收集与预处理。例如，新闻中会掺杂很多特殊字符和广告等无关因素，要先把这些因素剔除掉。除此之外，可能还会用到对文章进行分词、提取关键词等操作，这些在后续案例中会进行详细分析。

(2) 特征工程，也叫作特征抽取。例如，有一段新闻，描述“×× 球员职业生涯画上圆满句号，今天正式退役了”。显然这是一篇与体育相关的新闻，但是计算机可不认识 ×× 球员，所以还需要将人能读懂的字符转换成计算机能识别的数值。这一步看起来容易，做起来就非常难了，如何构造合适的输入特征也是机器学习中非常重要的一部分。

(3) 模型构建。这一步只要训练一个分类器即可。当然，建模过程中还会涉及很多工作，随便建立一个差不多的模型很容易，但是想要将模型做得完美还需要大量的实验。

(4) 评估与预测。模型构建完成后就可以进行判断预测，一篇文章经过预处理再被传入模型中，机器就会告诉我们按照它所学的数据得出的是什么结果。

在实际生活中，每个国家的人都不是同一个模子刻出来的，其长相自然也会千差万别，有时韩国人可能被误认为中国人，日本人也可能被误认为泰国人。同样的问题在机器学习中也会存在。一个算法既不可能和所有训练数据符合得分毫不差，也不可能对所有测试数据都预测得精确无误。因而误差性能就成为机器学习的重要指标之一。

在机器学习中，误差被定义为学习器的实际预测输出与样本真实输出之间的差异。在对数据进行分类时，常通过错误率 (分类错误的样本占全部样本的比例) 来分析误差。

误差可以进一步分为训练误差和测试误差两类。训练误差指的是学习器在训练数据集上的误差，也称经验误差。测试误差指的是学习器在新样本上的误差，也称泛化误差。训练误差描述的是输入属性与输出分类之间的相关性，能够判断给定的问题是否是一个容易学习的问题。测试误差则反映了学习器对未知的测试数据集的预测能力，是机器学习中的重要概念。实用的学习器都是测试误差较低的，即在新样本上表现较好的学习器。

学习器根据已知数据对真实情况进行拟合，由学习器得到的模型要尽可能逼近真实模型，因此要在训练数据集中尽可能提取出适用于所有未知数据的普适规律。然而，一旦过于看重训练误差，一味追求预测规律与训练数据的符合程度，就会把训练样本自身的一些非普适特性误认为所有数据的普遍性质，从而导致学习器泛化能力的下降。在实际的机器学习中，欠拟合可以通过改进学习器算法的方式克服，但过拟合却无法避免，只能尽量降低其影响。

2.1.5　机器学习的应用场景

智能机器已经深入人类的生活和工作中。在医疗领域，能从医疗记录中学习的机器已经出现，它们能分析和获取治疗疾病有效的方法；在智能家居领域，机器将通过分析住户的用电模式、居住习惯，为住户打造动态家居，从而降低能源消耗、提高居住舒适度；作为个人智能助理的智能机器将跟踪分析用户的职业特点和生活细节，协助用户高效完成工作和享受健康生活。所有这些都与智能机器密不可分。

不久的将来，人类也许该思考：在未来的世界里，机器人将充当什么样的角色，会不会代替人类呢？人类与机器人之间应如何相处？

人类开始着手研究，如何才能更好地实现下面三大准则：第一，机器人不可伤害人；第二，机器人必须服从人的命令；第三，机器人可以在不违背上述原则的情况下保护自己。

据2017年6月网络安全评价服务平台“安全值”的调查分析，金融业已成为我国网络安全关注度较高的10个重点行业之一，金融机构已经成为网络犯罪的主要目标。与传统金融业务不同，互联网金融业务大多发生在线上，往往几秒钟就能完成申请、审核、放款等流程，面临的欺诈风险也是前所未有的。据统计，我国网络犯罪导致的损失占GDP的0.63%，一年损失金额高达4000多亿元人民币。

目前，国内反欺诈金融服务采用的方法主要有黑白名单、监督学习及无监督学习。无监督学习不需要任何训练数据和标签，通过聚类等算法模型即可发现用户的共性行为，以及用户和用户间的关系来检测欺诈，从而发现进行伪装的异常用户并将其锁定。例如，银行可应用机器学习算法实时监控每一账户的大量交易参数，通过算法分析持卡人的每一个行为并尝试发现该用户行为背后的目的，该模型能够准确地发现欺诈行为。当系统识别到可疑账户行为时，可向用户询问额外认证信息来验证该笔交易行为的合法性。如果有较大可能是欺诈行为，系统可采取相应措施，甚至阻止该笔交易的发生。机器学习算法可以非常快速地验证一个账户的交易行为，从而能够实时防止欺诈行为的发生，而不是在行为发生后再鉴定其合法性。

机器学习还可应用于金融中的财务监控方面，能够大大增强网络的安全性，例如，可以利用机器学习训练一个系统来定位并隔离网络威胁。目前，很多金融科技公司在机器学习方面投入了大量资金，用于增强互联网金融方面的安全性。

当前，自动驾驶汽车的设计和制造仍面临着较多的挑战，很多汽车公司正在应用机器学习技术寻找解决这些问题的方案。在自动驾驶技术中，机器学习算法的主要任务之一就是不间断地监控车辆周围环境，并据此预测可能会出现的变化。自动驾驶汽车监控车辆周围环境的示意图如图2-4所示。该类任务可进一步划分为物体检测、物体分类、物体定位及行为预测，用到的机器学习算法有决策矩阵算法、聚类算法、模式识别算法及回归算法。每种算法均可用于实现两个或多个任务，如回归算法可用于物体定位、物体检测及行为预测。决策矩阵算法可用于系统分析、确定并评估信息集和价值集之间的关联表现。该算法还可用于决策，如车辆行驶中是否需要刹车、转向等动作，就是基于算法对物体识别、分类及行为预测的置信水平所做的决策。决策矩阵算法通常由许多独立的训练决策模型组成，最终预测结果是由这些独立决策模型的预测结果汇总而成的，大大提高了决策的可靠性，降低了决策出错的概率。

图 2-4　自动驾驶汽车监控车辆周围环境的示意图

2.2　深度学习

以机器学习、知识图谱为代表的人工智能技术日益普及，从车牌识别、人脸识别、语音识别、智能助手、推荐系统到自动驾驶，人们在日常生活中都可能有意无意地用到人工智能技术。这些技术的背后都离不开人工智能领域研究者的长期努力。特别是最近几年，得益于数据的增多、计算能力的增强、学习算法的成熟及应用场景的丰富，越来越多的人开始关注这个“崭新”的研究领域——深度学习。

深度学习以神经网络为主要模型，起初被用来解决机器学习中的表示学习问题。但是由于其强大的能力，深度学习越来越多地被用来解决一些通用人工智能问题，如推理、决策等。目前，深度学习技术在学术界和工业界取得了广泛的成功，受到高度重视，并掀起新一轮的人工智能热潮。

现实中我们的大脑接收眼睛或耳朵观察传播来的数据后，会对其进行一层层的神经元数据解析，然后得到我们对于所见之物的判断。然而，我们对这个分析过程的了解，以及对脑部的研究较为浅显，无法得知脑部工作的原理。但是，我们可以对不同信息进行抽象化处理，如图 2-5 所示。

图 2-5　对不同信息进行抽象化处理的示意图

脑部在接收一系列数据时会进行一个函数式 (Function) 的抽象，从而形成认知。神经网络就是模拟这个过程，将输入信号、神经元的函数式处理，以及输出信号都进行抽象化处理。

2.2.1 深度学习的概念

先简单区分几个概念：人工智能、机器学习、深度学习、神经网络。这几个词出现最为频繁，但是它们有什么区别呢？它们之间的关系如图 2-6 所示。

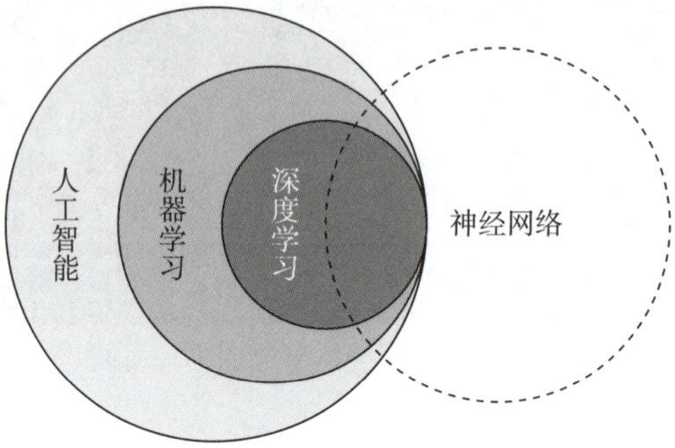

图 2-6 人工智能、机器学习、深度学习、神经网络之间的关系

(1) 人工智能。人工智能是为了解决某些人类通过直觉可以解决而计算机却很难解决的问题，如自然语言理解、图像识别、语音识别等问题。

(2) 机器学习。机器学习能够赋予机器学习的能力，并以此让机器完成直接编程无法完成的任务。从实践的意义上来说，机器学习的过程是利用数据训练出模型，然后使用模型进行预测。

(3) 神经网络。神经网络最初是一个生物学的概念，一般是指由大脑神经元、触点、细胞等组成的网络，用于产生意识，帮助生物思考和行动。后来人工智能受神经网络的启发，发展出了人工智能神经网络。

(4) 深度学习。深度学习模型，可以看作是具有很多隐藏层的神经网络，包括处理时间序列的循环神经网络 (RNN)、处理图像识别的卷积神经网络 (CNN)、处理图像分类的深度信念网络 (DBN)。深度学习的核心就是自动将简单的特征组合成更加复杂的特征，并用这些特征解决问题。

如图 2-7 所示，传统机器学习算法和深度学习算法的主要区别在于特征的提取。在传统的机器学习算法中，我们需要手工编码特征。相比之下，在深度学习算法中，特征提取由算法自动完成，这个过程不仅耗时，而且必须要有海量数据作支撑，才能得到表现优异的模型。

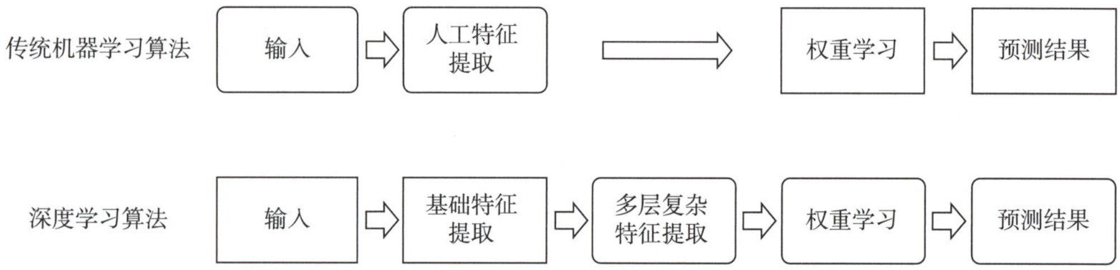

图 2-7 传统机器学习算法与深度学习算法的区别

2.2.2　神经网络与深度学习的发展历程

1943 年，数理逻辑学家 McCulloch 和 Pitts 建立了 MP 模型。MP 模型只是单个神经元的形式化数学描述，具有执行逻辑运算的功能，由此开创了人工神经网络 (简称神经网络) 的时代。

1949 年，Hebb 提出了神经网络学习的思想。

1958 年，Rosenblatt 提出了感知器模型 (Perceptron) 及其学习算法。

20 世纪 70 年代，由于单层感知器不能解决异或问题，神经网络的发展出现了衰退期。

20 世纪 80 年代，神经网络的发展迎来了复苏，1986 年出现了反向传播算法 (BackPropagation 算法，BP 算法)。

20 世纪 90 年代，出现了支持向量机 (SVM)，它是基于统计学习理论的一种机器学习方法，在线性分类的问题上取得了当时最好的成绩。这个时期浅层人工神经网络的发展相对沉寂。

2006 年，深度学习的理念正式被提出，Hinton 在其发表的论文中首次提出了“深度信念网络”的概念。

2012 年，Hinton 课题组首次参加 ImageNet 图像识别比赛并夺得冠军，碾压了第二名的分类性能。

2016 年，AlphaGo 的出现把深度学习推向了一个新的高度。

2017 年之后，Transformer 架构的提出彻底革新了自然语言处理及诸多领域。其基于自注意力机制，能高效捕捉序列中长距离依赖关系，大幅提升模型对上下文的理解能力。基于 Transformer，谷歌发布的 BERT 模型通过在大规模语料库上进行无监督预训练，而后针对特定任务进行微调，在多项自然语言处理任务中实现超越人类水平的表现，如问答系统、文本分类、情感分析等，开启了预训练语言模型的新时代。

2022 年 OpenAI 的 GPT 系列模型更是不断取得突破。GPT-3 以 1750 亿参数展现出强大的语言生成与理解能力，能完成从文本创作、代码生成到复杂问题解答等多样化任务。其后续版本 GPT-4 在多模态融合方面取得进展，可理解并处理图像、文本等多种形式输入，进一步模糊了不同数据类型间的界限，推动人工智能向通用智能迈进。

计算机视觉领域，神经网络模型持续进化。以 ResNet 为基础，各类变体模型不断涌现，如 DenseNet 通过密集连接方式增强特征传播与复用，提升模型性能与训练效率；EfficientNet 则通过对模型宽度、深度及分辨率的联合优化，在保持计算资源高效利用的同时，显著提升图像识别准确率。此外，语义分割、目标检测等任务也借助深度学习实现飞跃，Mask R-CNN 能精确分割图像中目标物体并识别类别，在自动驾驶、医学图像分析等实际应用中发挥关键作用；YOLO 系列目标检测算法以其快速高效的检测速度，在实时视频分析等场景中得到广泛应用。

在强化学习方面，除了 AlphaGo 及其后续版本 AlphaZero(能通过自我对弈在多种棋类游戏中达到超人类水平)，强化学习在更多复杂动态环境中得到应用。深度强化学习算法与机器人控制结合，使机器人能够在未知环境中自主学习行走、抓取物体等技能；在自动驾驶领域，通过模拟训练，车辆能学习在不同路况下的最优驾驶策略。同时，多智能体强化学习兴起，多个智能体在环境中相互协作或竞争，为解决交通流量优化、分布式资源管理等复杂系统问题提供新途径。

2024 年以来，神经网络与深度学习在医疗领域大放异彩。在疾病诊断方面，深度学习模型能对医学影像(如 X 光、CT、MRI 等)进行分析，辅助医生更准确地检测疾病。例如，谷歌的 DeepMind 团队开发的 AI 系统在眼部疾病诊断上达到与专业眼科医生相当的准确率；在药物研发中，利用深度学习预测药物分子活性、筛选潜在药物靶点，加速新药研发进程，缩短研发周期与成本；基因测序分析也借助深度学习技术，更高效地解读基因序列数据，助力精准医疗发展。

随着物联网及大模型的发展，边缘设备产生海量数据，边缘计算与深度学习结合成为趋势。在边缘设备(如智能摄像头、智能家居设备等)上部署轻量级神经网络模型，可实现实时数据处理与决策，减少数据传输延迟与隐私风险，像 MobileNet、ShuffleNet 等轻量级模型专为边缘计算设计，在图像识别、智能安防等边缘场景中得到广泛应用。此外，量子计算与深度学习的交叉研究也崭露头角，量子神经网络有望利用量子特性提升计算效率与模型性能，为深度学习发展开辟新方向。

神经网络与深度学习在理论研究、模型创新及应用拓展上持续突破，深刻改变着众多行业，其未来发展充满无限可能，将继续重塑人类社会的生产生活方式。

2.2.3　神经网络与深度学习的应用场景

经过几十年的发展，神经网络理论在模式识别、自动控制、信号处理、辅助决策、人工智能等众多研究领域取得了广泛的成功。下面将介绍神经网络在一些领域中的应用现状。

1. 在信息领域中的应用

在处理许多问题时，信息来源既不完整，又包含假象；决策规则有时相互矛盾，有时又无章可循。这给传统的信息处理方式带来了很大的困难，而神经网络却能很好地处理这些问题，并给出合理的识别与判断。

(1) 在信息处理方面的应用。现代信息处理要解决的问题是很复杂的，神经网络可以模仿或部分代替人的思维，实现自动诊断、问题求解等功能，解决传统方法所不能或难以解决的问题。神经网络系统具有很高的容错性、健壮性及自组织性，即使连接线遭到很大程度的破坏，仍能处在优化工作状态。它的这一特点使其在军事系统电子设备中得到广泛的应用，图 2-8 所示的是中国飞鸿 FH-95 电子战无人机信息图。FH-95 电子战无人机除了可以执行武装侦察、边境巡逻和海上监视等传统任务，还可以与其他类型的无人机组成编队，为执行其他任务的无人机提供电子干扰和掩护。例如，FH-95 可以为 FH-97 中程高速察打一体无人机在对敌防空系统进行打击之前提供电子干扰和掩护。

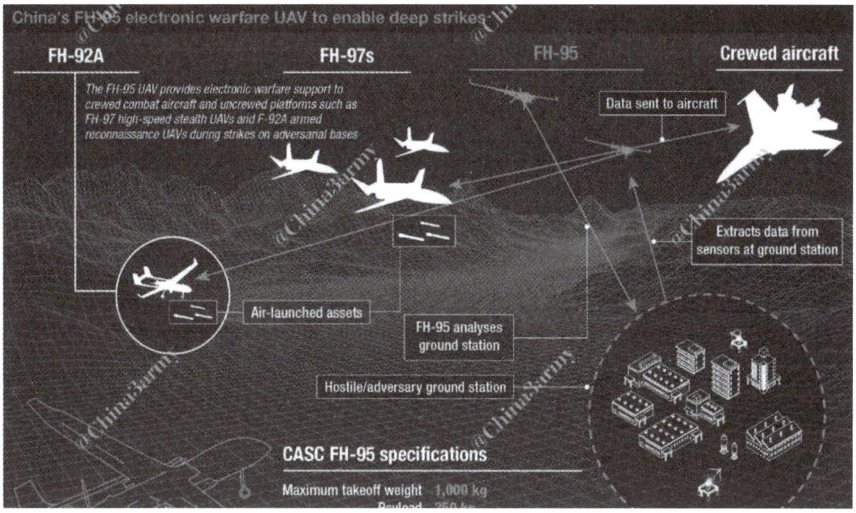

图 2-8　FH-95 电子战无人机信息图

(2) 在模式识别方面的应用。模式识别是指对表征事物或现象的各种形式的信息进行处理和分析，对事物或现象进行描述、辨认、分类和解释。神经网络以贝叶斯概率论和香农的信息论为理论基础，对信息的处理过程更接近人类大脑的逻辑思维过程。近年来发展起来的人工神经网络模式的识别方法逐渐取代传统的模式识别方法，成为当前比较先进的技术，被广泛应用到文字识别、语音识别、指纹识别、遥感图像识别、人脸识别、手写体字符识别、工业故障检测、精确制导等方面。

2. 在医学领域中的应用

由于人体和疾病都具有复杂性和不可预测性，在进行检测与信号表达、获取数据，以及信息分析、决策等诸多方面都存在非常复杂的非线性联系，需要使用人工神经网络。目前，医学领域对人工神经网络的研究几乎涉及从基础医学到临床医学的各个方面，主要应用于生物信号检测与自动分析、医学专家系统等方面。

(1) 在生物信号检测与分析方面的应用。大部分医学检测设备都是以连续波形的方式输出数据的，这些波形是诊断的依据。人工神经网络是由大量的简单处理单元连接而成的自适应动力学系统，具有巨量并行性、分布式存储、自适应学习等功能，可以用它来解决生物医学信号分析处理中使用常规方法难以解决或无法解决的问题。人工神经网络在生物医学信号检测与处理中的应用主要集中在对脑电信号的分析、听觉诱发电位信号的提取、肌电和胃肠电等信号的识别、心电信号的压缩、医学图像的识别和处理等方面。

(2) 在医学专家系统方面的应用。传统的医学专家系统，是把医学专家的经验和知识以规则的形式存储在计算机中，建立知识库，用逻辑推理的方式进行医疗诊断。但是在实际应用中，随着数据库规模的增大，将导致知识“爆炸”，在知识获取途径上也存在“瓶颈”问题，致使工作效率很低。以非线性并行处理为基础的人工神经网络为医学专家系统的研究指明了新的发展方向，解决了医学专家系统的以上问题，并提高了医学专家系统对知识的推理、自组织、自学习能力，得到了广泛的应用和发展。例如，在进行麻醉与危重医学等相关领域的研究时，涉及多生理变量的分析与预测，存在许多临床数据中尚未发现或无确切证据的关系与现象，这些都可以应用人工神经网络技术，来解决信号的处理、干扰信号的自动区分检测、各种临床状况的预测等问题。

3. 在经济领域中的应用

(1) 在市场价格预测方面的应用。对商品价格变动的分析，可归结为对影响市场供求关系的诸多因素的综合分析。传统的统计学方法因其固有的局限性，难以对价格变动做出科学的预测，而人工神经网络容易处理不完整的、模糊不确定或规律性不明显的数据，所以用人工神经网络进行价格预测有着传统方法无法相比的优势。人工神经网络可以从市场价格的确定机制出发，依据影响商品价格的家庭户数、人均可支配收入、贷款利率、城市化水平等复杂、多变的因素，建立较为准确可靠的模型，通过模型对商品价格的变动趋势进行科学预测，并得到准确客观的评价结果。

(2) 在风险评估方面的应用。防范风险的最佳办法就是对风险做出科学的预测和评估。应用人工神经网络进行风险评估是根据具体现实的风险来源，构造出适合实际情况的信用风险模型的结构和算法，得到风险评价系数，然后确定实际问题的解决方案。利用该模型进行实证分析能够弥补主观评估的不足，取得满意效果。

4. 在交通领域中的应用

近年来，人们对神经网络在交通运输领域中的应用开始了深入的研究。交通运输问题是高度非线性的，可获得的数据通常是大量的、复杂的，用人工神经网络处理相关问题有着巨大的优越性。人工神经网络在交通领域中的应用范围涉及汽车驾驶员行为模拟、参数估计、路面维护、车辆检测与分类、交通模式分析、货物运营管理、交通流量预测、运输策略与经济、交通环保、空中运输、船舶自动导航、地铁运营及控制等多个细分领域，已经取得很好的效果。

5. 在心理学领域中的应用

人工神经网络模型自形成之初，就与心理学有着密不可分的联系。人工神经网络抽象于神经元的信息处理功能，人工神经网络的训练则反映了感觉、记忆、学习等认知过程。人们通过不断研究，变化着人工神经网络的结构模型和学习规则，从不同角度探讨着人工神经网络的认知功能，为其在心理学方面的研究奠定了坚实基础。近年来，人工神经网络模型已经成为探讨社会认知、记忆、学习等高级心理过程机制的不可或缺的工具。人工神经网络模型还可以对脑损伤病人的认知缺陷进行研究，这是对传统的认知定位机制提出的挑战。

虽然人工神经网络已经取得了一定的进步，但是还存在许多缺陷，例如：应用范围有限，预测结果不够精确，现有模型算法的训练速度不够高，算法的集成度不够高，等等。同时，我们希望在理论上寻找新的突破点，建立新的通用模型和算法。这些都需要我们进一步加强对生物神经元系统的研究，不断丰富人们对人脑神经元的认识。

拓展阅读2-2

“深度学习”技术已融入现实生活

2.3 计算机视觉

计算机视觉 (Computer Vision) 是一门研究如何使机器“看”的科学，属于人工智能中的视觉感知智能范畴。参照人类的视觉系统，摄像机等成像设备就像是机器的“眼睛”。

计算机视觉的作用就是要模拟人的大脑 (主要是视觉皮层区) 的视觉能力。从工程应用的角度来看，计算机视觉就是将从成像设备中获得的图像或者视频进行处理、分析和理解。人类获取的信息中有 83% 来自视觉，因此在计算机视觉上的理论研究与应用也成为人工智能最热门的方向。

计算机视觉主要研究图像分类、语义分割、实例分割、目标检测、目标跟踪等技术，用于人脸识别等应用，并且已经在安防等领域取得了非常广泛的应用，计算机视觉技术的业务场景、应用技术、基础研究如图 2-9 所示。

图 2-9 计算机视觉技术的业务场景、应用技术、基础研究

计算机视觉的应用十分广泛，在医学方面，可以进行医疗成像分析，用来提高疾病的预测、诊断效率和治疗效果；在安防及监控领域，可用来指认嫌疑人，著名的“张 × × 多次助抓逃犯”事件就是这方面的成功案例；在购物方面，消费者现在可以用智能手机拍摄产品以获得更多信息。在未来，计算机视觉有望进入自主理解、分析决策的高级阶段，真正赋予机器“看”的能力，在无人驾驶、智能家居等应用场景中发挥更大的价值。下面将介绍一些有关于计算机视觉的基础知识。

2.3.1 计算机视觉的处理流程

尽管计算机视觉任务众多，但大多数任务本质上可以建模为广义的函数拟合问题，即

对任意输入的图像 x，需要学习一个函数 $y=F(x)$。根据 y 的不同，计算机视觉任务大体可以分为两大类。如果 y 为类别标签，则应用模式识别中的“分类”问题，如图像分类、物体识别、人脸识别等。这类任务的特点是输出 y 为有限种类的离散型变量。如果 y 为连续型变量或向量或矩阵，则对应模式识别中的“回归”问题，如距离估计、目标检测、语义分割、实例分割等。在深度模型兴起之前，传统的视觉模型处理流程如图 2-10 所示。

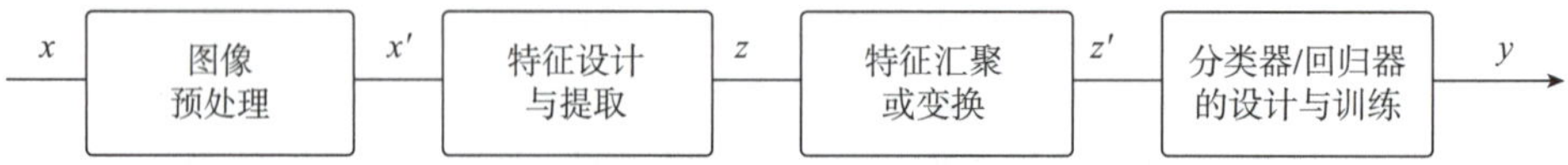

图 2-10 传统的视觉模型处理流程

从图 2-10 中可以看到，从输入的原始信息 x，到最后的输出信息 y，一般需要经过 4 个步骤的处理。

(1) 图像预处理，记为 p，$x'=p(x)$。图像预处理的主要目的是消除图像中无关的信息，恢复有用的真实信息，增强有关信息的可检测性，最大限度地简化数据，从而改进后续特征提取、图像分割、匹配和识别的可靠性。图像预处理的一般流程为：灰度化→几何变换→图像增强。

(2) 特征设计与提取，记为 q，$z=q(x')$。特征提取指的是使用计算机提取图像信息，决定图像上的点是否属于一个图像特征。特征提取的结果是把图像上的点分为不同的子集，这些子集往往属于孤立的点、连续的曲线或者连续的区域。图像特征的好坏对其泛化性能有至关重要的影响。

(3) 特征汇聚或变换，记为 h，$z'=h(z)$。特征变换是对前阶段提取的局部特征 z 进行统计汇聚或降维处理，从而得到维度更低、更利于后续进行分类或回归处理的特征 z'。

(4) 分类器或回归器的设计与训练，记为 g，$y=g(z')$。这个步骤采用模式识别或机器学习方法，通过向量机、决策树、最近邻分类、神经网络等算法，训练出合理的模型。

把上述 4 个步骤合并起来，可以得到 $y=F(x)=g(h(q(p(x))))$。

2.3.2 计算机视觉的核心技术

计算机视觉的基础研究包括图像分类、目标检测、图像语义分割、目标定位与跟踪等四大核心技术。当然也有研究者将图像识别单独列出，作为一项核心技术。下面简单描述这几项核心技术。

1. 图像分类

图像分类的过程主要是根据图像内容对图像进行标记，通常会有一组固定的标签，通过计算机视觉模型预测出最适合图像的标签。对于人类视觉系统来说，判别图像的类别是非常简单的，因为人类视觉系统能直接获得图像的语义信息。但对于计算机来说，它只能看到图像中的一组栅格状排列的数字，很难将数字矩阵转化为图像类别。

图像分类是计算机视觉中重要的基础问题，是物体检测、图像分割、物体跟踪、行为分析、人脸识别等其他高层视觉任务的基础。图 2-11 所示的便是一组通过计算机视觉分类好的图像。图像分类在许多领域都有着广泛的应用，如安防领域的人脸识别和智能视频分析，交通领域的交通场景识别，互联网领域基于内容的图像检索和相册自动归类，医学领域的图像识别等。图像分类问题面临一些挑战，如视点变化、尺度变化、类内变化、图像变形、图像遮挡、照明条件和背景杂斑等。

图 2-11　通过计算机视觉分类好的图像

得益于深度学习的推动，当前图像分类的准确率得到大幅度提升。在经典的数据集 ImageNet 基础上，训练图像分类任务常用的模型包括 AlexNet、VGG、谷歌 Net、ResNet、Inception-v4、MobileNet、MobileNetV2、DPN(DualPathNetwork)、SE-ResNeXt、ShuffleNet 等。

2. 目标定位与跟踪

图像分类解决了是什么 (What) 的问题，如果还想知道图像中的目标具体在图像的什么位置 (Where)，就需要用到目标定位技术。目标定位的结果通常是以包围盒的 (BoundingBox) 形式返回的。

目标跟踪是指在给定场景中跟踪感兴趣的具体对象或多个对象的过程。简单来说，给出目标在跟踪视频第一帧中的初始状态 (如位置、尺寸)，自动估计目标物体在后续帧中的状态。目标跟踪的传统应用就是视频和真实世界的交互，在检测到初始对象之后对其进行观察。现在，目标定位与跟踪在无人驾驶领域非常重要。

3. 目标检测

目标检测是指用算法判断图片中是否包含特定目标，并且在图片中标记出它的位置，通常用边框或红色方框把目标圈起来。例如，查找图片中有没有人，如果找到了，就把它框起来。图 2-12 所示为对图像进行目标检测的示意图。

图 2-12　对图像进行目标检测的示意图

目标检测和图像分类不一样，目标检测侧重于目标搜索，且目标检测的目标必须要有固定的形状和轮廓。图像分类可以是任意的对象，这个对象既可能是物体，也可能是一些属性或者场景。

对于人类来说，目标检测是一个非常简单的任务。然而，计算机能够“看到”的是图像被编码之后的数字矩阵，很难理解图像或是视频某一帧中出现了人或是物体这样的高层语义概念，也就更加难以定位目标出现在图像中哪个区域了。与此同时，由于目标会出现在图像或是视频某一帧中的任何位置，且目标的形态千变万化，图像或视频某一帧的背景千差万别，这些因素都使得目标检测对计算机来说是一个具有挑战性的问题。

在目标检测技术中，比较常用的有 SSD 模型、PyramidBox 模型、R-CNN 模型。

4. 图像语义分割

图像语义分割，顾名思义，是将图像像素按照表达的语义含义的不同进行分割。图像语义是指对图像内容的理解，例如，能够描绘出什么物体在哪里做了什么事情等。分割是指对图片中的每个像素点进行标注，标注其属于哪一类别。图 2-13 所示是对图像进行分割的示意图。图像语义分割近年来在无人驾驶技术中被用于分割街景，以此作为依据来避让行人和车辆；在医疗影像分析中被用于辅助诊断等。常见的“美颜”功能也需要用到图像语义分割。

图 2-13　对图像进行分割的示意图

分割任务主要分为实例分割和语义分割，实例分割是物体检测加上语义分割的综合体。在图像语义分割任务中，常用的模型包括 R-CNN、ICNet、DeepLabV3+ 等。

2.3.3　计算机视觉的应用场景

随着人工智能相关技术的快速发展，计算机视觉技术的应用场景也在快速扩展，除了在比较成熟的安防领域应用，还被应用在金融领域的人脸识别身份验证、电商领域的商品拍照搜索、医疗领域的智能影像诊断、机器人或无人驾驶汽车作为视觉输入系统等场景中。

下面简单分析计算机视觉应用的 7 个典型案例。

(1) 自动驾驶。自动驾驶汽车需要计算机视觉。自动驾驶汽车上配备多个摄像头、激光雷达、毫米波雷达和超声波传感器从环境中获取图像，以此探测目标、车道标记、标志和交通信号，从而实现安全驾驶。

(2) 翻译软件。只要将手机摄像头对准某些单词，翻译软件几乎能立刻告诉你它在该语言环境中的意思。翻译软件通过光学字符识别来查看图像并借助增强现实技术进行叠加，得出精确的翻译，是使用计算机视觉为生活和学习带来便利的工具。

(3) 面部识别。中国在使用面部识别技术方面无疑处于领先地位，面部识别被应用于支付识别、机场安检等诸多领域。

(4) 医疗辅助。90% 的医疗数据都是基于图像的，因此计算机视觉在医学领域中有很多用途，承担了分析 X 射线和其他扫描结果、监测患者状况、协助手术进行等多种任务。

(5) 实时运动跟踪。计算机视觉可以在多种体育比赛中完成比赛和策略分析、球员表现评估和评级等任务，还可以用于跟踪体育节目中品牌赞助的可见性。

(6) 农业。约翰·迪尔 (John Deere) 在 2019 年国际消费电子展上展示了一种半自动联合收割机，它利用人工智能和计算机视觉分析收获时的粮食品质，并找出穿过作物的最佳路径。计算机视觉识别杂草的能力也很强，可以将除草剂直接喷洒在杂草上，而不是作物上，这一应用有望将除草剂的用量减少 90%。

(7) 制造业。计算机视觉在制造业中应用广泛，预测性维护便是一个很好的例子。预测性维护是指在设备故障导致停机前，利用计算机视觉对设备进行监控，以便在设备出现故障前提前进行干预。另外，还可以利用计算机视觉对包装和产品质量进行监控，以降低产品的破损率和不合格率。

计算机视觉在现实世界中已经有了大量的应用，而且这项技术尚处于发展初期。随着人类和机器持续合作，人类的劳动力将得到解放，专注于更高价值的任务。

2.4　自然语言处理技术

自然语言处理 (Natural Language Processing，简称 NLP) 是人工智能领域的重要分支，旨在让计算机能够理解、处理和生成人类语言，实现人机之间的自然语言交互。人类语言蕴含着复杂的语义、语法和语用信息，具有高度的灵活性和模糊性，NLP 的目标就是突破这些难点，让计算机像人类一样理解和运用语言，进而服务于实际生活。

2.4.1 自然语言处理的发展历程

自然语言处理的发展经历了 3 个阶段：基于规则的阶段、基于统计的阶段和基于深度学习的阶段。

1. 基于规则的阶段

自然语言处理的相关研究最早是从机器翻译开始的。1947 年，英国工程师 Booth 和美国工程师 Weaver 最先提出了利用计算机进行自动翻译。1952 年，第一次机器翻译会议在美国麻省理工学院顺利召开。1954 年，第一次机器翻译试验取得了成功。虽然该试验用的机器词汇仅包含 250 个单词和 6 条语法规则，但它第一次向人们展示了机器翻译的可行性，并激发了美国政府对机器翻译进行资助的兴趣。

20 世纪 50—70 年代，自然语言处理的研究主要采用基于规则的方法，研究人员认为自然语言处理的过程类似于人类认知一门语言的过程。这一时期的自然语言处理停留在理性主义思潮阶段，以基于规则的方法为代表。但基于规则的方法具有不可避免的缺点：规则不可能覆盖所有语句；该方法对研究人员的要求较高，既要熟悉计算机，还要熟悉语言学。因此，这一阶段虽然解决了一些简单的问题，但是无法从根本上将自然语言处理推向实际应用。

2. 基于统计的阶段

自 20 世纪 70 年代以来，随着互联网的快速发展及硬件的不断完善，自然语言处理逐渐由理性主义向经验主义过渡，基于统计的方法代替了基于规则的方法。20 世纪 70 年代，基于隐马尔可夫模型 (Hidden Markov Model，HMM) 的统计方法和话语分析 (Discourse Analysis) 取得了重大进展。

20 世纪 90 年代以后，随着计算机性能的不断提升，语音和语言处理的商品化开发成为可能。网络技术的发展和 Internet 的商业化使信息检索和信息抽取的需求变得更加迫切。此时，自然语言处理的应用不再局限于机器翻译、语音控制等早期研究的范畴。人们逐渐认识到仅用基于规则或统计的方法，已无法成功进行自然语言处理。基于统计、实例及规则的语料库技术在这一时期开始蓬勃发展，各种处理技术开始融合，自然语言处理的研究又开始兴旺起来。在这一阶段，自然语言处理基于数学模型和统计的方法取得了实质性突破，从实验室走向实际应用。

3. 基于深度学习的阶段

自 2008 年到现在，人们在图像识别和语音识别领域不断取得丰硕的成果，研究人员也开始用深度学习的方法对自然语言处理进行研究，将深度学习与自然语言处理的结合推向了高潮，并在机器翻译、问答系统、阅读理解等领域取得了一定成功。深度学习是一个多层的神经网络，从输入层开始，经过逐层非线性的变化得到输出，从输入到输出进行“端到端”的训练。具体过程是把输入到输出的数据准备好，设计并训练一个神经网络，执行预想的任务。RNN 是目前自然语言处理最常用的方法之一，GRU、LSTM 等模型相继引发了一轮又一轮的热潮。

在深度学习时代，神经网络能够自动从数据中挖掘特征，人们得以从复杂的特征中脱离出来，专注于模型算法本身的创新及理论的突破。深度学习从一开始的机器翻译领域逐渐扩展到自然语言处理的其他领域，导致传统经典算法的地位大不如前。

2.4.2 自然语言处理的一般过程

在进行自然语言处理时，通常有 7 个步骤，分别是获取语料、语料预处理、特征工程、特征选择、模型选择、模型训练、模型评估。也有部分学者弱化了模型选择和模型评估这两个步骤。

1. 获取语料

语料，即语言材料。语料是语言学研究的重要内容，是构成语料库的基本单元。所以，人们简单地用文本作为替代，并把文本中的上下文关系作为现实世界中语言的上下文关系的替代品。我们把一个文本集合称为语料库 (Corpus)，当有几个这样的文本集合的时候，我们称之为语料库集合 (Corpora)。按语料来源，我们将语料分为以下两种。

(1) 已有语料。很多业务部门、公司等组织随着业务发展，都会积累大量的纸质或者电子文本资料。对于这些资料，在允许的条件下我们稍加整合，把纸质的文本全部电子化就可以作为语料库。

(2) 网上下载、抓取的语料。如果现在个人手里没有数据怎么办呢？这个时候，我们可以选择获取国内外开放的、标准的数据集，如国内的中文汉语数据集搜狗语料；也可以借助八爪鱼等开源爬虫工具，从网上抓取特定数据。

2. 语料预处理

在一个完整的中文自然语言处理工程应用中，语料预处理这个步骤的工作量大概会占到全部工作量的 50% ～ 70%，因此开发人员大部分时间都在进行语料预处理。可以通过数据洗清、分词、词性标注、去停用词 4 个环节来完成语料预处理工作。

(1) 数据清洗。数据清洗是指保留有用的数据，删除无用数据，包括对原始文本提取标题、摘要、正文等信息，对爬取的网页内容去除广告、标签、JS 代码和注释等。当前能获取到的数据中，超过 80% 的数据是非结构化的，因此数据清洗是必不可少的。常见的数据清洗方式有人工去重、对齐、删除和标注等。

(2) 分词操作。分词操作是指将文本分成词语。中文语料数据有短文本形式，如句子、文章摘要、段落等；也有长文本形式，如整篇文章组成的一个集合。一般来说，句子和段落之间的字、词语是连续的，有一定含义。而进行文本挖掘分析时，通常希望文本处理的最小单位粒度是词或者词语，因此这个时候就需要通过分词操作将文本全部切分成词语。

常见的分词算法有基于字符串匹配的分词方法、基于理解的分词方法、基于统计的分词方法和基于规则的分词方法，每种方法下面对应许多具体的算法。

当前中文分词算法的主要难点有歧义识别和新词识别，例如，“羽毛球拍卖完了”，可以切分成“羽毛球拍 / 卖完 / 了”，也可切分成“羽毛球 / 拍卖 / 完 / 了”，如果不依赖上下文其他的句子，恐怕很难知道如何去理解这句话。

(3) 词性标注。词性标注就是给词语标上词类标签，如名词、动词、形容词等，这是一个经典的序列标注问题。词性标注可以为后续的文本处理融入更多有用的语言信息，在情感分析、知识推理等场景中是非常必要的。

常见的词性标注方法有基于规则和基于统计两种方法。其中，基于统计的标注方法包括基于最大熵的词性标注、基于统计最大概率输出的词性标注和基于隐马尔可夫模型的词性标注 3 种。

(4) 去停用词。停用词一般指对文本特征没有任何贡献作用的字词，如标点符号、语气、人称等。在信息检索中，为节省存储空间和提高搜索效率，在处理自然语言数据之前或之后会自动过滤掉这些字词，这些字词即被称为停用词 (Stop Words)。在一般性的文本处理中，分词之后，接下来一步就是去停用词。但是对于中文来说，去停用词操作不是一成不变的，停用词词典是根据具体场景来决定的，例如，在情感分析中，语气词、感叹号是应该保留的，因为它们对表示语气程度、感情色彩表达有一定的贡献和意义。

3. 特征工程

做完语料预处理之后，接下来需要考虑如何把分词之后的字和词语表示成计算机能够计算的类型。显然，如果要计算，我们至少需要把中文分词的字符串转换成数字，确切地说应该是数学中的向量。词袋模型和词向量是两种常用的表示模型。

(1) 词袋模型 (Bag of words，BOW)。词袋模型不考虑词语原本在句子中的顺序，直接将每一个词语或者符号统一放置在一个集合里，然后按照计数的方式对出现的次数进行统计。统计词频这只是最基本的方式，TF-IDF 是词袋模型的一个经典用法。

(2) 词向量是将字、词语转换成向量矩阵的计算模型。目前最常用的词的表示方法是 One-hot，这种方法是把每个词表示为一个很长的向量。这个向量的维度是词表大小，其中绝大多数元素为 0，只有一个维度的值为 1，这个维度就代表了当前的词。谷歌团队开发的 Word2Vec 是当前非常流行的词向量模型。

4. 特征选择

在解决实际问题时，要选择合适的、表达能力强的特征，构造好的特征向量。文本特征一般都是词语，具有语义信息，使用特征选择能够找出一个特征子集，其仍然可以保留语义信息，但通过特征提取找到的特征子空间，将会丢失部分语义信息。因此，特征选择是一个很有挑战的过程，更多地依赖于经验和专业知识，并且需要很多现成的算法来进行特征选择。

5. 模型选择

选好特征后，需要进行模型选择，即选择怎样的模型进行训练。常用的模型有机器学习模型，如 KNN、SVM、Naive Bayes、决策树、K-means、GBDT 等；也有深度学习模型，如 RNN、CNN、LSTM、Seq2Seq、FastText、TextCNN 等。谷歌在 2018 年发布了 BERT 模型，该模型在机器阅读理解顶级水平测试中表现出惊人的成绩，在全部两个衡量指标上全面超越人类。BERT 将为自然语言处理带来里程碑式的改变，也是自然语言处理领域近年来取得的最重要的进展。

6. 模型训练

当选择好模型后，则需要进行模型训练。在模型训练的过程中要注意过拟合、欠拟合问题，不断提高模型的泛化能力。如果使用了人工神经网络进行训练，则要防止出现梯度消失和梯度爆炸问题。

过拟合问题指的是模型学习能力太强，以至于把无用数据的特征也学习到了，导致模型泛化能力下降，在训练集上表现很好，但是在测试集上表现很差。常用增大训练数据的数量、增加正则化项、人工筛选特征、使用特征选择算法、采用 Dropout 方法等解决过拟合问题。

欠拟合问题指的是模型不能够很好地拟合数据，表现为模型过于简单。常见的解决方法如下。

(1) 添加其他特征项。

(2) 增加模型复杂度。例如，在人工神经网络中加更多的层，在线性模型通过添加多项式，使模型泛化能力更强。

(3) 减少正则化参数。正则化参数是用来防止模型过拟合的，但是现在模型出现了欠拟合，则需要减少正则化参数。

7. 模型评估

为了让训练好的模型对语料具备较好的泛化能力，在模型上线之前还要对其进行必要的评估。模型的评价指标主要有错误率、精准度、准确率、召回率、F1 值、ROC 曲线、AUC 曲线等，这里不展开描述。

拓展阅读 2-3

自然语言处理的多方面应用

2.5　知识图谱技术

随着移动互联网的发展，万物互联成为可能，这种互联所产生的数据也在爆发式地增长，而且这些数据恰好可以作为数据分析的有效原料。如果说以往的智能分析专注在每一个单独的个体上，在移动互联网时代，除了单独个体，个体之间的关系也必然成为我们需要深入分析的一个重要部分。在一项任务中，只要有关系分析的需求，知识图谱就“有可能”派上用场。

2.5.1 知识图谱技术的基本概念

1. 知识图谱的定义

知识图谱 (Knowledge Graph) 是由谷歌公司在 2012 年提出来的概念。从学术的角度，我们可以对知识图谱下一个这样的定义：“知识图谱本质上是语义网络 (Semantic Network) 的知识库。”但这有点抽象，所以换个角度，从实际应用的角度出发，可以简单地把知识图谱理解成多关系图 (Multi-relational Graph)。

那什么叫多关系图呢？学过数据结构的人都应该知道什么是图 (Graph)。图是由节点 (Vertex) 和边 (Edge) 构成的，但这些图通常只包含一种类型的节点和边。多关系图一般包含多种类型的节点和多种类型的边。

2. 知识图谱的表示

知识图谱技术应用的前提是已经构建好知识图谱，并将它作为一个知识库。例如，在谷歌搜索引擎里搜索 Who is the wife of Bill Gates，我们直接可以得到答案 Melinda Gates，如图 2-14 所示。这是因为我们在系统层面上已经创建好了一个包含 Bill Gates 和 Melinda Gates 等实体，以及他们之间关系的知识库，如图 2-15 所示。因此，当我们执行搜索时，就可以通过提取关键词 (Bill Gates、Melinda Gates、wife) 与知识库匹配，直接获得最终答案。这种搜索方式跟传统的搜索引擎是不一样的，传统的搜索引擎执行搜索后返回的是网页，而不是最终答案，因此就多了一层用户自己筛选并过滤信息的过程。

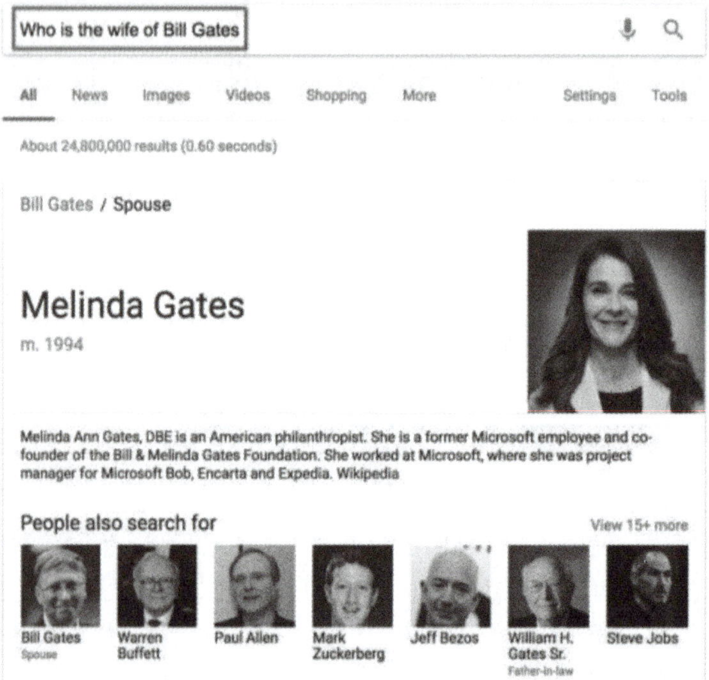

图 2-14　搜索 Who is the wife of Bill Gates 后得到答案 Melinda Gates

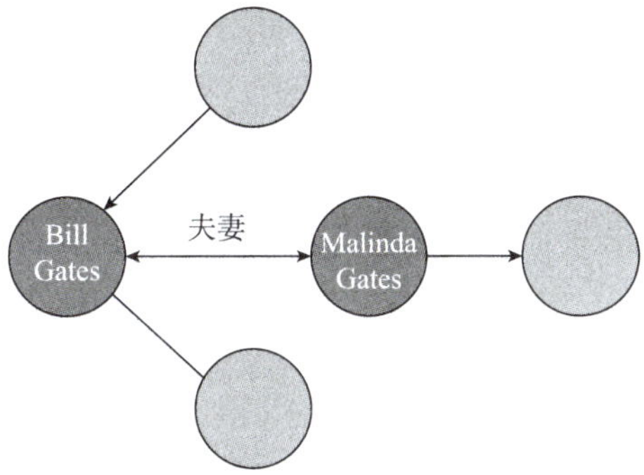

图 2-15　包含 Bill Gates 和 Melinda Gates 等实体及他们之间关系的知识库示意图

在现实世界中，实体和关系也会拥有各自的属性，比如人可以有“姓名”和“年龄”。当一个知识图谱拥有属性时，我们可以用属性图 (Property Graph) 来表示。图 2-16 所示为一张简单的属性图。从图 2-16 中可知，李明和李飞是父子关系，李明拥有一个 138 开头的电话号码，这个电话号码的开通时间是 2018 年，其中 2018 年就可以作为李明和电话号码之间关系的属性，李明本人也带有一些属性：年龄为 25 岁、职位是总经理等。

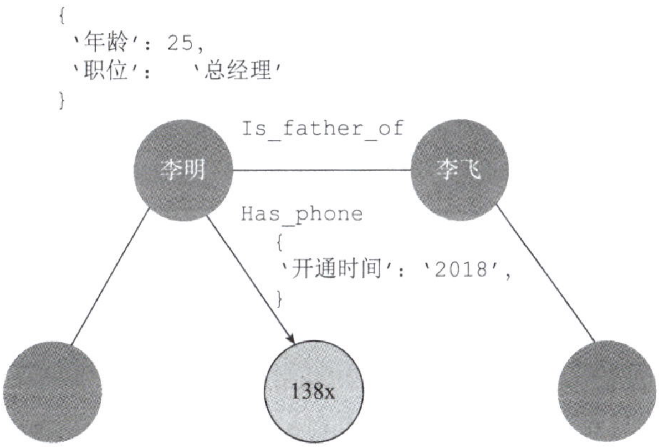

图 2-16　属性图示例

这种属性图的表达很贴近现实生活中的场景，也可以很好地描述业务中所包含的逻辑。除了属性图，知识图谱也可以用 RDF(资源描述框架) 来表示，它由很多三元组 (Triples) 组成。RDF 在设计上的主要优点是易于发布和分享数据，缺点是不支持实体或关系拥有属性。如果非要加上属性，则需要在设计上做一些修改。目前来看，RDF 主要还是用于学术界场景，在工业界更多的还是采用图数据库 (用来存储属性图) 的方式。

2.5.2　知识图谱技术的发展历程

知识图谱的起源可以追溯到 20 世纪 50 年代诞生的专家系统。专家系统是一个具有大量的专门知识与经验的程序系统，被应用于人工智能技术和计算机技术，能根据某领域一名或多名专家提供的知识和经验，对问题进行推理和判断，模拟人类专家的决策过程，解决那些需要人类专家才能处理的复杂问题。

20 世纪 50 年代到 70 年代，符号逻辑、神经网络、LISP(计算机程序设计语言)、语义网络已经出现，但表示形式过于简单且不太规范。

20 世纪 70 年代到 90 年代，出现了一些专家系统和一些限定领域 (如金融、农业、林业等领域) 的知识库。

20 世纪 90 年代到 2000 年，出现了万维网、人工大规模知识库、本体概念、智能主体与机器人。

2000 年到 2006 年，出现了语义 Web、群体智能、维基百科、百度百科、工作百科等。

2006 年至今，对数据进行了结构化调整。这一阶段，数据和知识的体量越来越大，导致通用知识库越来越多，大规模的知识需要被获取、整理、融合，知识图谱应运而生。

知识图谱的发展过程中出现了如下几个里程碑。

2010 年，微软发布了 Satori 和 Probase。它们是比较早期的数据库，主要应用于微软的广告和搜索等业务中。

2012 年，谷歌推出了 Knowledge Graph。后来，Facebook、阿里巴巴、亚马逊也相继于 2013 年、2015 年、2016 年推出了各自的知识图谱和知识库。它们主要用于知识理解、智能问答、推理和搜索等业务中。

从数据的处置量来看，早期的专家系统只有上万级知识体量，后来阿里巴巴和百度等公司推出了拥有千亿级，甚至是兆级知识体量的知识图谱系统。

拓展阅读 2-4

知识图谱技术的应用场景

本章习题

一、基础知识题

1. 机器学习的定义是 (　　)。
   A. 计算机通过编程直接执行任务
   B. 利用经验改善计算机系统自身的性能
   C. 仅通过统计学方法分析数据
   D. 模拟人类思维的全过程
2. 下列选项中，(　　) 不属于机器学习的分类。
   A. 监督学习　　B. 无监督学习
   C. 强化学习　　D. 符号学习
3. 深度学习的核心特点是 (　　)。
   A. 需要手工设计特征　　B. 自动从数据中提取多层次特征
   C. 仅适用于小规模数据集　　D. 依赖传统统计学方法

4. 计算机视觉的核心技术不包括 (　　)。

A. 图像分类　　B. 目标检测

C. 语音识别　　D. 语义分割

5. 自然语言处理 (NLP) 的发展阶段中，最新阶段是基于 (　　) 技术。

A. 规则　　B. 统计

C. 深度学习　　D. 专家系统

6. 知识图谱的主要表示形式是 (　　)。

A. 单一关系图　　B. 多关系图 (属性图)

C. 线性列表　　D. 树状结构

7. 下列选项中，(　　) 是强化学习的典型应用。

A. 图像分类　　B. AlphaGo 下围棋

C. 文本翻译　　D. 知识图谱构建

8. 传统机器学习与深度学习的主要区别在于 (　　)。

A. 数据量需求　　B. 特征提取方式 (手工 vs 自动)

C. 计算速度　　D. 仅适用于分类任务

9. ChatGPT 主要基于 (　　) 技术。

A. 卷积神经网络 (CNN)　　B. Transformer 架构

C. 隐马尔可夫模型 (HMM)　　D. 决策树

10. 知识图谱在金融领域的典型应用是 (　　)。

A. 图像生成　　B. 反欺诈与风险控制

C. 语音合成　　D. 自动驾驶

二、思考题

1. 拿出自己的手机，观察手机的哪些功能或者手机中的哪款 App 的功能与自然语言处理相关，这些 App 的功能和使用效果如何？还存在哪些不足？

2. 机器智能和生物智能有什么区别？

3. 若某个程序做了和人相似的有智能的事，那它就具有智能。你是否接受这种说法？为什么？

第 3 章

人工智能交叉学科及融合技术

本章聚焦人工智能与多领域交叉融合的关键技术，系统阐述大数据、云计算、物联网、区块链及智能传感器技术的核心概念、技术架构及其与人工智能的协同关系，展现各技术在教育、医疗、金融、政务等场景的应用价值，揭示“数据 + 算力 + 算法 + 硬件”的技术融合逻辑，为理解人工智能的跨学科实践提供理论与案例支撑。

学习目标

1. 掌握大数据、云计算、物联网、区块链、智能传感器等技术与人工智能的协同关系。

2. 掌握关键技术的原理与应用场景：大数据技术、云计算技术、物联网技术、区块链技术和智能传感器技术。

3. 掌握关键技术的功能：大数据为 AI 提供训练数据，云计算解决算力需求，物联网扩大物理世界感知范围，区块链保障数据安全可信，智能传感器增强环境交互能力。

能力目标

1. 能够识别各技术在 AI 场景中的具体应用（如智能医疗中，大数据分析病历、物联网远程监测、AI 辅助诊断）。

2. 理解 AI 与多技术的融合路径（如 AIoT=AI + 物联网，通过传感器采集数据→云计算处理→ AI 生成洞察）。

3. 能够识别不同行业对技术融合的差异化需求。

素养目标

1. 思考区块链“去中心化”可能带来的社会治理挑战（如数据控制权、监管难度）。

2. 培养跨学科融合思维（如计算机科学 + 统计学→大数据智能，电子工程 + AI →智能传感器）。

3. 认识技术对社会效率的提升（如云计算降低 AI 应用门槛），同时关注技术鸿沟与可持续发展（如智能传感器普及对就业的影响）。

思维导图

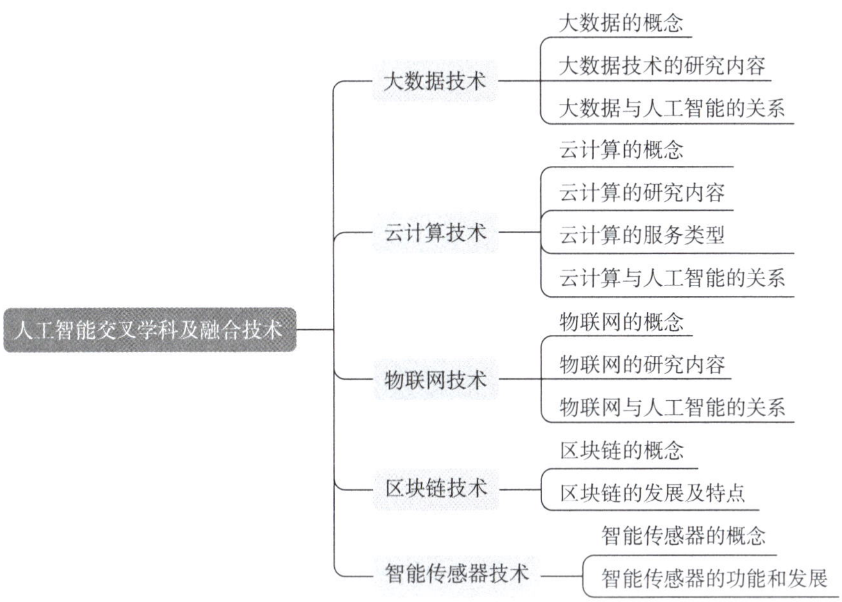

素养园地

人工智能要瞄准学科交叉前沿

3.1　大数据技术

云计算、物联网、移动互联、人工智能等新兴信息技术的快速发展，促使全球数据量急剧增加，从而推动人类社会迈入大数据时代。一般意义上，大数据是指仅利用现有理论、方法、技术和工具难以在可接受的时间范围内完成分析计算，整体呈现高价值的海量复杂数据集合。

对于普通人来说，大数据好像离我们的生活很远，但它的威力却无处不在。

(1) 在教育行业中，利用大数据技术对学生受教育过程积累的数据进行监测，可以发现学生的兴趣方向；利用大数据技术对学校的教育教学数据进行监测，可以帮助学校更好地挖掘新的专业需求。

(2) 在警务工作中，公安机关通过大数据技术对犯罪数据进行对比分析，可以更快地发现罪犯，更好地分析各种犯罪规律，更高效地开展犯罪预防工作。

(3) 在交通行业中，利用大数据技术对交通数据进行分析，可以实时掌握交通拥堵情况或者交通事故处理进展。

(4) 在新闻行业中，利用大数据技术，可以快速分析新闻阅读者的爱好，以便更好地为阅读者推送更精准的新闻。

(5) 在电商行业中，利用大数据技术分析消费者及其所购产品，可以更精准地掌握消费者的购物喜好和购物需求，以便为消费者提供更精准的推送服务。

这些都与大数据有着千丝万缕的关系，在生活中，大数据无处不在。

如今，信息每天都在以“爆炸式”的速度增长，其复杂性也越来越高，当人类的认知能力受到传统可视化形式的限制，隐藏在大数据背后的价值就难以发挥出来。只有理解大数据技术并运用其做出决策，才能发挥它的巨大价值和无限潜力。

在数据内容足够丰富、数据量足够大的前提下，隐含于大数据中的规律、特征就能被识别出来。利用创新性的大数据分析方法，能实现对大量数据进行快速、高效、及时的分析与计算，得出跨数据间的、隐含于数据中的规律、关系和内在逻辑，帮助用户找出事件背后的原因，预测发展趋势。

3.1.1 大数据的概念

大数据 (Big Data) 是具有体量巨大、来源多样、生成极快且多变等特征，并且难以用传统数据体系结构有效处理的包含大量数据集的数据。

大数据主要有如下两个来源。

(1) 结构化数据。如各种数据库、各种结构化文件、消息队列和应用数据等。

(2) 非结构化数据。可以细分为两部分，一部分是社交媒体，例如，微信、抖音、Facebook、小红书等产生的数据，包括用户浏览的习惯、特点，发表的评论及评论的特点，网民之间的关系等，这些都构成了大数据来源。另外一部分是数据量比较大的数据，是机器设备及传感器所产生的数据，例如，电信行业中的呼叫记录等数据都属于原始传感器数据，主要来自路由器或基站。此外，手机的内置传感器、门禁系统、ATM 机等产生的数据量也非常大。

利用大数据技术可以发现事物的发展变化规律，使人们的工作和生活变得更加高效、轻松和便利。

3.1.2 大数据技术的研究内容

现代社会是一个高速发展的社会，科技发达，信息流通，人们之间的交流越来越密切，生活也越来越方便，大数据就是这个高科技时代的产物。未来的时代将不再是 IT 时代，而是 DT(Data Technology，数据科技) 时代。

大数据技术的研究内容是多方面的，涉及数据存储、数据同步、数据挖掘、数据计算、数据开发等，如图 3-1 所示。

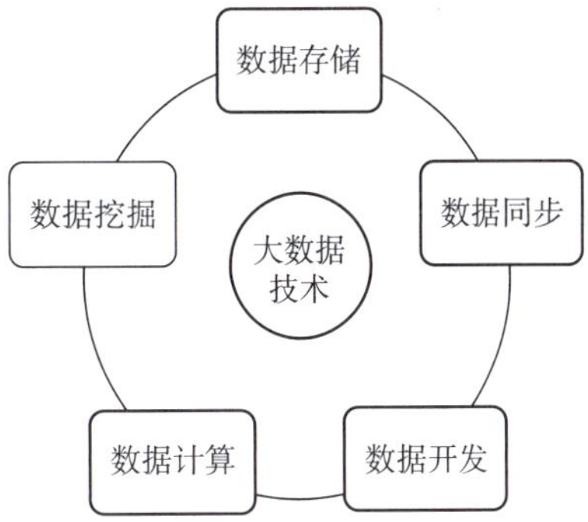

图 3-1　大数据技术的研究内容

不过，大数据在经济发展中的巨大意义并不代表其能取代一切对于社会问题的理性思考，科学发展的逻辑不能被湮没在海量数据中。著名经济学家路德维希·冯·米塞斯曾提醒过，有很多人忙碌于资料的无益累积，过度看重对问题的说明与解决，丧失了其对特殊的经济意义的理解。

在这个快速发展的智能硬件时代，困扰应用开发者的一个重要问题就是如何在功率、覆盖范围、传输速率和成本之间找到那个微妙的平衡点。数据本身不是有用的，必须要经过一定的处理才能体现其价值。企业利用大数据技术进行数据分析，可以降低成本、提高效率、开发新产品、做出更明智的业务决策等。数据本身没有什么用处，但数据里包含一个很重要的东西，叫作信息。杂乱的数据在经过梳理和清洗后，才能够得到有用的信息。信息中会包含很多规律，我们需要从信息中将规律总结出来。

3.1.3　大数据与人工智能的关系

大数据与人工智能存在紧密的联系，正是基于大数据技术的发展，人工智能技术才在实际应用方面获得了诸多突破。

在当前大数据产业链逐渐成熟的大背景下，大数据与人工智能的结合也在向更全面的方向发展。目前，大数据与人工智能的结合主要体现在以下方面。

(1) 机器学习。机器学习作为大数据分析的重要方式之一，正在更多的数据分析场景中被应用。机器学习同时也是人工智能领域的主要研究方向之一。因此，不少大数据研发人员通过机器学习将大数据与人工智能结合在一起。同时，大数据平台也是人工智能体系的基础，其关系如图 3-2 所示。

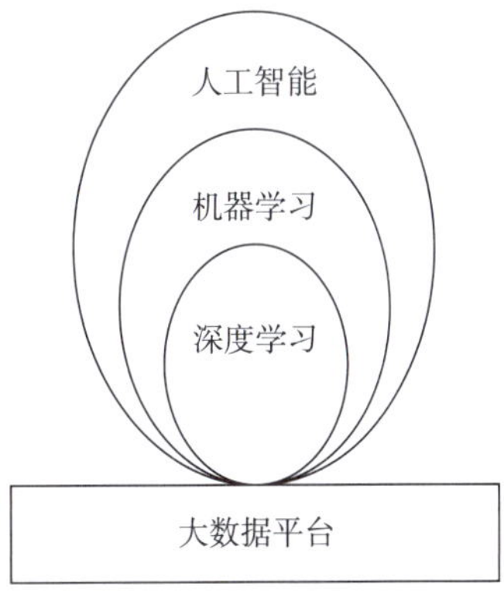

图 3-2　大数据平台与人工智能体系的关系

(2) AIoT 技术体系 (人工智能物联网)。AIoT 技术体系的核心是物联网与人工智能技术的整合。从 AIoT 技术体系的技术层次和结构来看，在物联网和人工智能之间还有重要的“一层”，这一层就是大数据层，因此 AIoT 技术体系为大数据与人工智能的结合增加了新的方式。

大数据的发展开辟出了一个新的价值空间，但是大数据本身并不是目的，大数据的应用才是最终目的，而人工智能正是大数据应用的重要出口，因此未来大数据与人工智能的结合途径会越来越多。

3.2 云计算技术

云计算 (Cloud Computing) 是分布式计算的一种，是指通过网络“云”将巨大的数据计算处理程序分解成无数个小程序，然后通过多部服务器组成的系统处理和分析这些小程序得到结果，并将最终的数据处理体系返回给用户。这项技术可以在很短的时间 (几秒钟) 内完成对数以亿计数据的处理。

3.2.1 云计算的概念

什么是云计算？不同的学者有不同的说法。目前云计算尚无统一的定义，维基百科对云计算的定义是：云计算将 IT 相关的能力以服务的方式提供给用户，允许用户在不了解相关知识的情况下，通过 Internet 获取需要的服务。

云计算是一种新的技术，也是一种新的服务模式。通过这项技术，网络服务提供者可以在数秒之内，处理数以千万计甚至亿计的信息，提供和“超级计算机”同样强大效能的网络服务。最简单的云计算技术在网络服务中已经随处可见，例如搜寻引擎，使用者只要输入简单指令即能得到大量信息。未来，手机等移动设备都可以借助云计算技术，拓展出更多的应用服务。云计算技术不仅能用于实现资料搜寻、分析等功能，未来还能实现分析 DNA 结构、基因图谱定序、解析癌症细胞等功能。

3.2.2 云计算的研究内容和服务类型

云计算是在分布式处理、并行计算和网格计算等概念的基础上发展起来的，其技术实质是对计算、存储、服务器、应用软件等 IT 软件和硬件的虚拟化。

1. 云计算研究的内容

云计算研究的内容涉及以下几个方面。

(1) Map Reduce 编程模型。Map Reduce 是一种简化的分布式编程模型和高效的任务调度模型，用于大规模数据集 (大于 1TB) 的并行运算。它使得云计算环境下的编程十分简单。Map Reduce 编辑模型将问题的处理分解成 Map(映射) 和 Reduce(归约) 两个步骤，先通过 Map 程序将数据划分为不相关的区块，分配给大量计算机处理，达到分布式计算的效果，结果由 Reduce 程序汇总、整理、输出。

(2) 数据分布存储技术。云计算系统由大量服务器组成，服务于大量用户。云计算系统采用分布式结构存储数据，用冗余存储保证数据的可靠性。目前，数据分布存储技术主要有 GFS(Google File System，非开源) 和 HDFS(Hadoop Distributed File System，开源)。

(3) 数据管理技术。云计算系统需要对分布的、海量的数据进行分析和处理，因此数据管理技术必须能够高效管理大量数据。比较成熟的数据管理系统是谷歌公司开发的 BT(Big Table) 分布式数据存储系统。

(4) 虚拟化技术。虚拟化技术是云计算底层架构的重要基石。虚拟化技术包括 CPU 虚拟化、服务器虚拟化、存储虚拟化、网络虚拟化、应用虚拟化等几个方面。

(5) 云计算平台管理技术。云计算平台管理技术能够使分布在不同地方的服务器协同工作，并及时发现和恢复系统故障。

2. 云计算的服务类型

云计算的服务类型分为 3 种，即基础设施即服务 (IaaS)、平台即服务 (PaaS) 和软件即服务 (SaaS)，如图 3-3 所示。

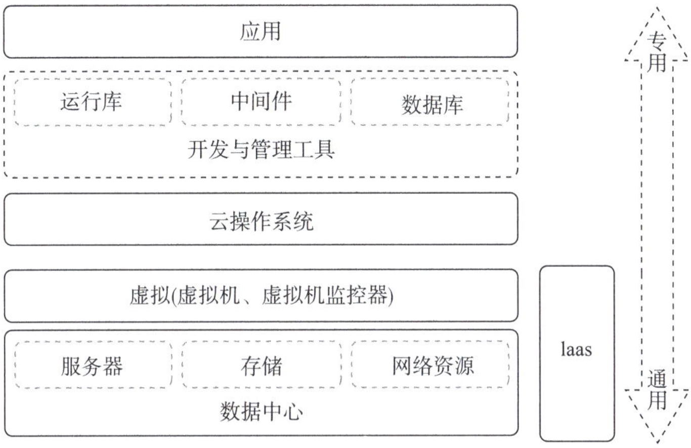

图 3-3　云计算的 3 种服务类型

(1) 基础设施即服务 (IaaS)。基础设施即服务是云计算的主要服务类型之一，能向个人或组织提供虚拟化计算资源，如虚拟机、存储、网络和操作系统。

(2) 平台即服务 (PaaS)。平台即服务能通过互联网为开发人员提供构建应用程序和服务的平台，为开发、测试、管理软件和应用程序提供所需的开发环境。

(3) 软件即服务 (SaaS)。软件即服务由应用提供商管理应用程序，允许其用户通过互联网访问应用程序。

如今，云计算已被视为计算机网络领域的一次革命，因为它的出现，社会的工作方式和商业模式也在发生巨大的改变。

3.2.3　云计算与人工智能的关系

云计算不仅可以作为人工智能的基础计算平台，也是将人工智能的能力集成到千万应用中的便捷途径。人工智能不仅丰富了云计算服务的特性，还让云计算服务更加符合业务场景的需求，能进一步解放人力。

以网易云打造场景化云服务的经验为例，如果没有人工智能技术，网易云的内容安全服务和智能客服服务将大打折扣。在人工智能的帮助下，网易云的内容安全服务一天可以为整个中国互联网过滤超过 1 亿条的垃圾信息。

现在，越来越多的云计算服务商都提供了与机器学习和人工智能相关的服务，让开发者应用这些服务来实现应用的智能化。

拓展阅读 3-1

云计算：人工智能发展的发动机

3.3 物联网技术

从计算机时代到互联网时代，信息技术的发展给我们的生活和工作带来了巨大的变化。如今，以互联网为依托的物联网，伴随着全球一体化、工业自动化和信息化进程的不断深入，已经融入我们的工作和日常生活中。

3.3.1 物联网的概念

顾名思义，物联网 (Internet of Things，IoT) 就是一个将所有物体连接起来所组成的物与物相连的互联网络。由于目前对于物联网的研究尚处于起步阶段，物联网的确切定义尚未统一。一个普遍被大家接受的定义为：物联网是通过使用射频识别 (Radio Frequency Identification，RFID)、传感器、红外感应器、全球定位系统、激光扫描器等信息采集设备，按约定的协议，把物品与互联网连接起来，进行信息交换和通信，以实现智能化识别、定位、跟踪、监控和管理的一种网络。

在物联网中，“物”的含义除了包括各种家用电器、电子设备、车辆等含有电子装置的高科技产品，还包括食物、服装、零部件和文化用品等非电子类物品，甚至包括一瓶饮料、一条轮胎、一个牙刷和一片树叶等。我们正从今天的“物联网 (IoT)”走入“万物互联 (Internet of Evrything，IoE)”的时代。与生产和生活相关的各个领域都将通过物联网联系起来，如图 3-4 所示。

图 3-4 各个领域都将通过物联网联系起来

3.3.2 物联网的研究内容

物联网主要研究全面感知、可靠传递、智能处理和深度应用 4 个方面的内容。

1. 全面感知

为了使物品具有感知能力，需要在物品上安装不同类型的身份识别装置 (如电子标签、条形码、二维码等)，或者通过传感器、红外感应器等感知其物理属性和个性化特征。利用这些装置或设备，可随时随地获取物品信息，实现对物体的全面感知。由于微电子技术的快速发展，嵌入式设备更加微型化，使得为每个物品安装电子感知装置成为可能，物联网将进入全面感知时代。

2. 可靠传递

由于大量感知节点的存在，每天将产生数以亿计的数据，这些数据需要借助各种通信网络进行传输。数据传输的稳定性和可靠性是保证物与物相连的关键。为了实现物与物之间的信息交互，就必须遵守统一的通信协议。由于物联网是一个异构网络，不同物品间通信协议可能存在差异，需要通过相应的软件、硬件对其进行转换，以保证信息的实时交互。

3. 智能处理

物联网为什么需要感知物体和传输数据？因为物联网要实现对各种物品(包括人)进行智能化识别、定位、跟踪、监控和管理等功能。要实现这些功能，需要以智能信息处理平台作为支撑。智能信息处理平台通过云计算、大数据和人工智能等技术，对海量数据进行存储、分析和处理，针对不同的应用需求，对物品实施智能化的控制。

4. 深度应用

应用需求促进了物联网的发展。早期的物联网只是在零售、物流、交通和工业等领域应用。近年来，物联网已经渗透到智能农业、远程医疗、环境监控、智能家居、自动驾驶等与人们生活密切相关的领域。物联网的应用正在向广度和深度两个方面发展。特别是大数据技术和人工智能技术的发展，使得物联网的应用向纵深方向发展，产生了大量的基于大数据深度分析的物联网应用系统。物联网的应用分为 4 个层面，分别是感知层、传输层、网络层、应用层，如图 3-5 所示。

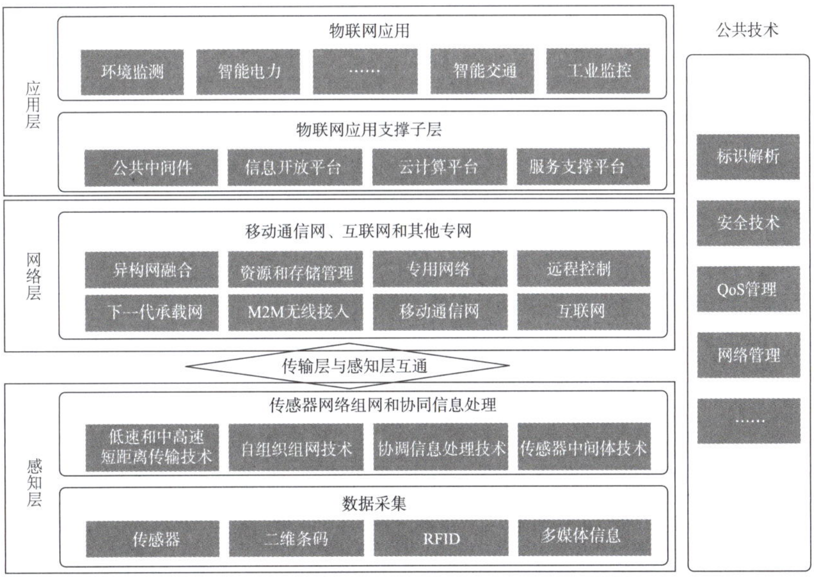

图 3-5 物联网应用的 4 个层面

物联网将人、机、物有机融合在一起，为国家、企业、个人带来新的机遇和挑战。

3.3.3 物联网与人工智能的关系

人工智能就像是计算机的软件，需要用物联网作为载体，物联网就像是计算机的硬件，需要人工智能来驱动。

物联网感知设备每天可以收集大量的数据，如何充分利用这些数据成了难题。随着人工智能的发展，可以引入一些更加智能的分析方法和手段，为物联网面临的数据难题提供解决方案。人工智能通过强大的数据分析能力，在人类的帮助下做出最佳的决策，为更多、更智能的物联网设备走入千家万户奠定基础。

拓展阅读 3-2

认识 AIoT

3.4 区块链技术

在当今数字化浪潮中，诸多新兴技术不断涌现，深刻地改变着我们的生活与工作模式。区块链技术作为其中的关键一员，正逐渐崭露头角，其影响力日益彰显。区块链技术诞生于 2008 年中本聪发表的论文《比特币：一种点对点的电子现金系统》(Bitcoin: A Peer-to-Peer Electronic Cash System)，最初作为比特币的底层技术出现。随着时间的推移，其应用领域不断拓展，从数字货币延伸至金融、医疗、供应链、物联网等众多行业。区块链技术以去中心化、不可篡改、可追溯等特性，为解决传统互联网中信任缺失、数据安全等问题提供了全新的思路与方法，被誉为构建信任的机器。

本节我们将深入探索区块链技术的奥秘，剖析其工作原理，梳理发展历程，探讨应用场景，分析面临的挑战与未来趋势，全方位地了解这一具有变革性潜力的技术。

3.4.1 区块链的概念

区块链，可以理解为一个又一个区块组成的链条。每一个区块中都保存了一定的信息，它们按照各自产生的时间顺序连接成链条。这个链条被保存在所有的服务器中，只要整个系统中有一台服务器可以工作，整条区块链就是安全的。这些服务器在区块链系统中被称为节点，它们为整个区块链系统提供存储空间和算力支持。

如果要修改区块链中的信息，必须征得半数以上节点的同意并修改所有节点中的信息，而这些节点通常掌握在不同的主体手中，因此篡改区块链中的信息是一件极其困难的事。相比于传统的网络，区块链具有两大核心特点：数据难以被篡改和去中心化。基于这两个特点，区块链所记录的信息更加真实可靠，可以帮助人们解决互不信任的问题。

区块链起源于比特币。2008 年 11 月 1 日，中本聪 (Satoshi Nakamoto) 发表了《比特币：一种点对点的电子现金系统》一文，阐述了基于 P2P 网络技术、加密技术、时间戳技术、区块链技术等的电子现金系统的构架理念，这标志着比特币的诞生。两个月后，理论步入实践，2009 年 1 月 3 日，第一个序号为 0 的区块诞生。2009 年 1 月 9 日，出现了序号为 1 的区块，并与序号为 0 的区块连接，形成了区块链，标志着区块链的诞生。

狭义的区块链是按照时间顺序，将数据区块以顺序相连的方式组合成的链式数据结构，并以密码学方式保护不可篡改和不可伪造的分布式账本。广义的区块链技术是利用块链式数据结构验证与存储数据，利用分布式节点共识算法生成和更新数据，利用密码学的方式保证数据传输和访问的安全，利用由自动化脚本代码组成智能合约，来编程和操作数据的全新的分布式基础架构与计算范式。

3.4.2　区块链的发展及特点

2008 年，中本聪第一次提出了区块链的概念。在随后的几年中，区块链成为比特币的核心组成部分——被作为所有交易的公共账簿。通过利用点对点网络和分布式时间戳服务器，区块链数据库能够进行自主管理。比特币的设计理念已经成为其他应用程序设计的灵感来源。

2014 年，“区块链 2.0”成为一个代表去中心化区块链数据库的术语。对于区块链 2.0 可编程区块链，经济学家们认为它是一种编程语言，可以允许用户写出更精密和智能的协议。区块链 2.0 技术跳过了交易和价值交换中担任金钱和信息仲裁的中介机构。

2019 年 1 月 10 日，我国国家互联网信息办公室发布《区块链信息服务管理规定》。2019 年 10 月 24 日，在中央政治局第十八次集体学习时，习近平总书记强调，“把区块链作为核心技术自主创新的重要突破口”“加快推动区块链技术和产业创新发展”。区块链已走进大众视野，成为社会的关注焦点。

我国高度重视区块链行业发展，将区块链写入“十四五”规划纲要中。各地、各部门也积极探索区块链发展方向，出台相关政策，全方位推动区块链技术赋能各领域发展，加快推动区块链技术和产业创新发展。随着企业“区块链 +”诉求的日益提升，区块链技术的应用范围由金融领域，扩展到供应链、版权、医疗、物联网、共享经济、社会管理、教育等各个领域。区块链的应用范围如图 3-6 所示。

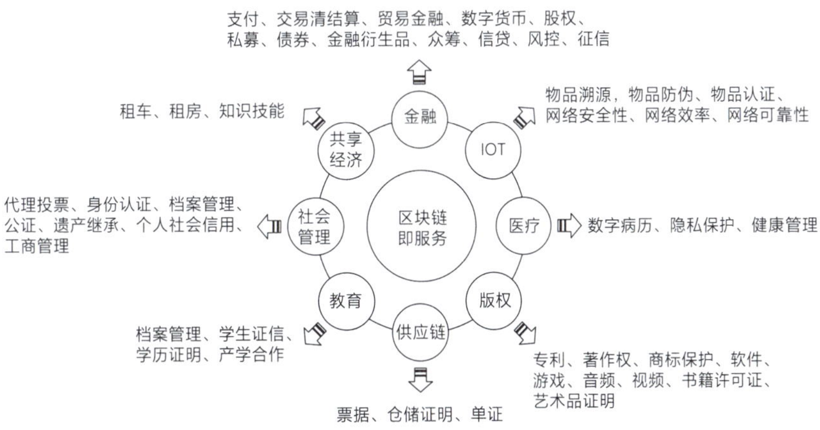

图 3-6　区块链的应用范围

区块链具有去中心化、开放性、独立性、安全性、匿名性等特点。

(1) 去中心化。区块链技术不依赖额外的第三方管理机构或硬件设施，没有中心管制，只有自成一体的区块链本身，通过分布式计算和存储，各个节点实现了信息的自我验证、传递和管理。去中心化是区块链最突出、最本质的特点。

(2) 开放性。区块链技术基础是开源的，除了交易各方的私有信息被加密，区块链的数据对所有人开放，任何人都可以通过公开的接口查询区块链数据和开发相关应用。

(3) 独立性。整个区块链系统不依赖其他第三方，所有节点能够在系统内自动、安全地验证和交换数据，不需要任何人为的干预。

(4) 安全性。只要不能掌控全部数据节点中的 51%，就无法修改数据，这使区块链本身变得相对安全，能最大限度避免人为原因造成的数据修改。

(5) 匿名性。单从技术上来讲，各区块链节点的身份信息不需要公开或验证，信息传递可以匿名进行。

3.5 智能传感器技术

智能传感器在物联网技术领域中占有极其重要的地位。智能传感器可检测出满足不同需求的感知信息，充当着电子计算机、智能机器人、自动化设备、自动控制装置等的“感觉器官”。各式各样的智能传感器可组成智能传感器网络，如图 3-7 所示。

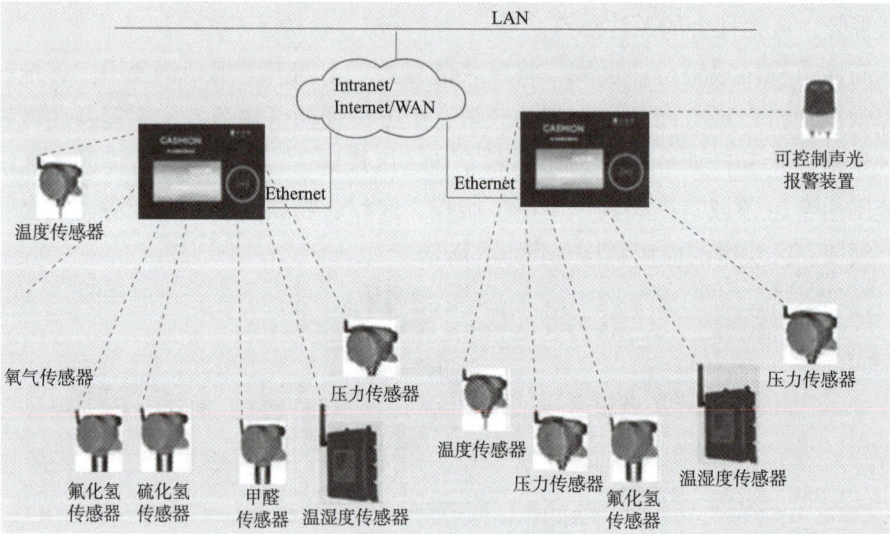

图 3-7 智能传感器网络

3.5.1 智能传感器的概念

智能传感器 (Inteligent Sensor) 的概念最初是由美国宇航局在研发宇宙飞船过程中提出

并形成的。目前，智能传感器尚无公认的科学定义，但普遍认为智能传感器由基本传感器和信息处理单元两部分组成。基本传感器是构成智能传感器的基础，其性能很大程度上决定着智能传感器的性能，由于微机械加工工艺的逐步成熟及微处理器的补偿作用，基本传感器的某些缺陷在很大程度上得以弥补。信息处理单元以微处理器为核心，接受基本传感器的输出信号，并对该输出信号进行处理，如标度变换，线性化补偿等，这些处理工作大部分由软件完成。

智能传感器的两部分可以集成在一起，组成为一个整体，封装在一个外壳内。也可以将这两部分分开安装，便于对电子元器件和微处理器进行保护，尤其在测试环境较恶劣时，更应该将这两部分分开安装。

3.5.2　智能传感器的功能和发展

一个真正意义的智能传感器应具有如下功能。

(1) 自校准、自标定和自动补偿功能。

(2) 自动采集数据、逻辑判断和数据处理功能。

(3) 自调整、自适应功能。

(4) 一定程度上存储、识别信息的功能。

(5) 双向通信功能。

(6) 标准的数字化输出或者符号输出功能。

(7) 通过算法做出判断、决策的功能。

随着科学技术的发展，智能传感器的功能将逐步增强，具有分析、判断、自适应、自学习的功能，能完成图像识别、特征检测、多维检测等更多复杂任务。

智能传感器发展主要分为 3 个阶段，即数字化阶段、智能化补偿和校准阶段、智能化应用和网络阶段。处于智能化应用和网络阶段的智能传感器，拥有信号检测和处理、逻辑判断、双向通信、闭环控制、自检和自诊断、智能校正和补偿、功能计算、网络通信等多种功能。但目前，这种智能传感器尚未大规模普及。

我们的生活已经离不开各种智能传感器，它已经深入生产生活的各个领域。

本章习题

一、基础知识题

1. 大数据的主要特征不包括（　　）。

A. 体量巨大　　B. 生成极快且多变

C. 完全结构化　　D. 来源多样

2. 云计算的服务类型中，为开发者提供应用构建平台的是(　　)。

A. IaaS　　B. PaaS　　C. SaaS　　D. AIoT

3. 物联网的4个应用层级中，直接负责数据采集的是(　　)。

A. 传输层　　B. 平台层　　C. 应用层　　D. 感知层

4. 区块链的核心特点中，确保数据难以篡改的关键机制是(　　)。

A. 开放性　　B. 去中心化

C. 需半数以上节点同意修改　　D. 匿名性

5. 智能传感器的核心功能不包括(　　)。

A. 自校准与自动补偿　　B. 生成加密货币

C. 双向通信　　D. 逻辑判断与数据处理

6. 在“AIoT技术体系”中，连接物联网与人工智能的关键层级是(　　)。

A. 感知层　　B. 传输层　　C. 大数据层　　D. 应用层

7. 云计算对人工智能的主要作用是(　　)。

A. 扩大物理感知范围　　B. 提供底层算力支持

C. 保障数据安全可信　　D. 增强环境交互能力

8. (　　)是大数据与人工智能结合的典型应用。

A. 区块链数据加密　　B. 传感器环境监测

C. 机器学习分析数据集　　D. 云计算虚拟化

9. 区块链技术最可能对(　　)领域产生变革。

A. 实时交通拥堵监测　　B. 医疗数据安全共享

C. 云计算资源调度　　D. 智能传感器校准

10. 智能传感器的“智能化应用和网络阶段”的核心能力是(　　)。

A. 仅实现数字化输出　　B. 基础数据采集

C. 自诊断与网络通信　　D. 线性化补偿

二、思考题

1. 什么是大数据？大数据中的“大”是如何体现的？

2. 云计算出现的原因是什么？云计算与人工智能的关系是怎样的？

3. 物联网有哪些应用？大数据、云计算、物联网之间的关系是怎样的？

第 4 章

人工智能应用方向

在科技飞速发展的当下，人工智能已从科幻作品中的想象走进现实，深刻地融入社会的各个角落，成为推动各行业变革与创新的关键力量。2017年7月8日，国务院发布的《新一代人工智能发展规划》明确指出，人工智能是引领未来的战略性技术，其广泛应用对国家的科技、经济、社会发展和国家安全意义重大。

以日常生活为例，清晨，智能语音助手轻声唤醒我们，根据当天的日程安排和天气状况，贴心地给出出行与着装建议；走进厨房，智能家电能够依据我们的饮食习惯，自动烹饪出美味的早餐。出行途中，智能导航系统借助实时路况信息，精准规划最优路线，甚至在一些城市，自动驾驶汽车已开始在特定区域进行试点运营。到达工作场所，智能办公软件迅速处理大量文档，智能客服高效解答客户疑问，极大地提升了工作效率。

在医疗领域，人工智能助力医生对复杂的医学影像进行精准分析，实现疾病的早期筛查与诊断，为患者争取宝贵的治疗时间；药物研发过程中，人工智能通过模拟药物分子的作用机制，大幅缩短研发周期，降低研发成本。工业生产线上，智能机器人不知疲倦地完成高精度的操作，实现生产过程的自动化与智能化，提高产品质量和生产效率。教育场景里，个性化学习系统依据学生的学习进度和特点，定制专属的学习方案，帮助学生更高效地掌握知识。

这些仅是人工智能应用的冰山一角，其实际应用范围极为广泛，涵盖金融、交通、娱乐、农业等众多领域。随着技术的持续进步与创新，人工智能将不断开拓新的应用方向，为人类社会带来更多的惊喜与变革。本章我们将深入探讨人工智能在各个主要领域的具体应用，剖析其技术原理、应用案例及发展前景，全面领略人工智能的无限魅力与巨大潜力。

学习目标

1. 理解智能语音的核心技术及其在智能家居、金融等场景的应用逻辑。
2. 掌握自然语言处理的基础技术及机器翻译、情感分析等典型应用。
3. 熟悉计算机视觉中图像识别、文字识别、人脸识别的技术原理与行业应用场景。
4. 了解知识图谱的构建逻辑及其在反欺诈、企业风险评估等领域的关联分析价值。

能力目标

1. 能够运用智能语音、自然语言处理、图形信息处理等技术原理分析具体应用场景。
2. 能够结合知识图谱构建逻辑解析其在反欺诈、企业风险评估等领域的关联分析应用。

素养目标

1. 激发对人工智能应用技术的探索兴趣，培养创新思维。
2. 关注人工智能技术在各领域的应用进展，提升科技素养。
3. 理解人工智能技术对社会发展的影响，树立正确的科技应用观。
4. 通过科大讯飞助力冬奥会等案例，体会科技服务社会、促进交流的重要意义，增强社会责任感。

思维导图

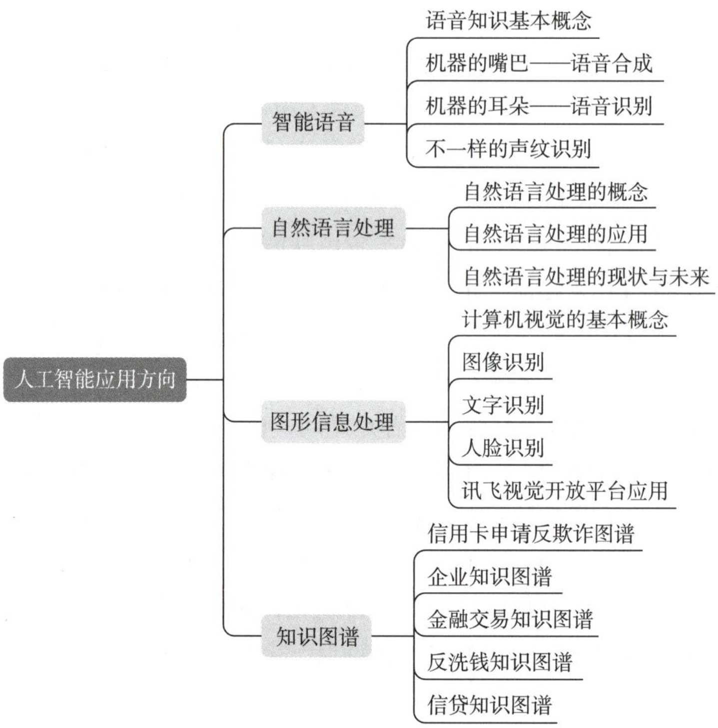

素养园地

科大讯飞用技术说话助力
冬奥会信息沟通无障碍

4.1　智能语音

语音，是人类呱呱坠地后最早使用的沟通方式，也是人际交流最基本的方式，更是未来人机交互最重要的方式。智能语音是人工智能发展到今天最为成熟、最为重要的应用之一。《新一代人工智能发展规划》明确将语音技术列为重点突破方向，强调其在“智能服务、智慧城市、无障碍通信”中的战略价值。

4.1.1　语音知识基本概念

语音处理 (Speech Signal Processing) 是一门研究如何对语音进行理解、如何将文本转换成语音的科学，属于智能感知的范畴。从人工智能的视角来看，语音处理就是要赋予机器“听”和“说”的智能。从工程的视角来看，所谓理解语音，就是用机器自动实现人类听觉系统的功能。所谓文本转换成语音，就是用机器自动实现人类发音系统的功能。类比人类的听说系统，录音机设备就是机器的“耳朵”，音箱设备就是机器的“嘴巴”。语音处理的目标就是要让机器拥有人类的听觉能力和说话能力。

语音处理技术是研究语音发声过程、语音信号的统计特性、语音的自动识别、机器合成及语音感知等各种处理技术的总称，主要包括语音识别、语音合成、语音增强、语音转换、情感语音等 5 个方面的应用技术，也有研究者将语义理解作为语音处理的技术之一，语音处理技术原理框架如图 4-1 所示。目前，语音处理技术已经在多个行业取得了良好的应用。

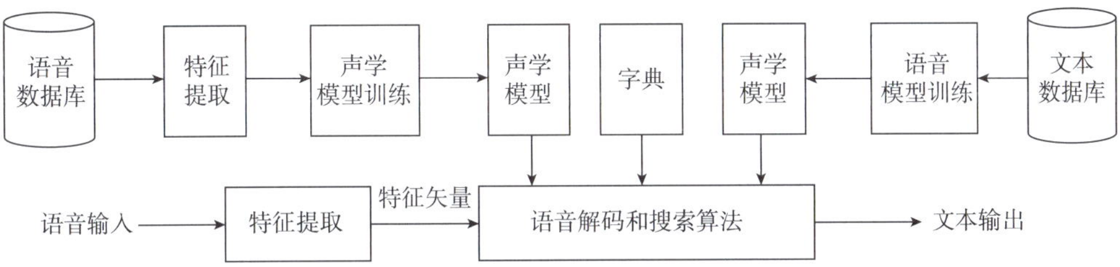

图 4-1　语音处理技术原理框架

一个完整的语音处理系统，包括前端的信号处理部分，中间的语音识别、语义识别和对话管理部分，以及后端的语音合成部分。本书所讲的语音处理主要包括语音识别和语音合成两个小部分。语音识别是指把语音转化为文字，并对其进行识别、认知和处理的技术。语音合成是指通过机械的、电子的方法产生人造语音的技术。语音处理中的主要技术集中在以下几个方面。

(1) 前端处理。如人声检测、回声消除、唤醒词识别、麦克风阵列处理、语音增强等。

(2) 语音识别。如特征提取、模型自适应、声学模型、语言模型、动态解码等。

(3) 语义识别和对话管理。更多属于自然语言处理的范畴。

(4) 语音合成。如文本分析、语言学分析、音长估算、发音参数估计等。

语音处理的应用涵盖电话外呼、医疗领域听写、语音书写、计算机系统声控、电话客服、导航等方面。人们期望在不久的将来，语音处理能真正做到像正常人类一样，与他人流畅沟通，自由交流。当然，离实现这样的目标还有相当长的路。

语音信号处理真正意义上的研究可以追溯到 1876 年，贝尔发明电话，这是首次用声电、电声转换技术实现了远距离的语音传输。1939 年，美国的杜德莱 (Dudley) 提出并研制成功第一个声码器，奠定了语音产生模型的基础，这一发明在语音信号处理领域具有划时代的意义。19 世纪 60 年代，亥姆霍兹应用声学方法对元音和歌唱进行了研究，从而奠定了语音的声学基础。1948 年，美国 Haskins 实验室研制成功“语音回放机”，可以把手工绘制在薄膜片上的语谱图自动转换成语音，并进行语音合成。

20 世纪 50 年代，数字计算机的兴起推动语音信号处理进入数字化阶段。1952 年，贝尔实验室研发出首个能识别 10 个英文数字的特定人语音识别系统，开启了语音识别的先河。20 世纪 60 年代，动态规划算法引入语音识别，解决了语音序列匹配问题。20 世纪 70 年代，线性预测编码 (LPC) 技术成熟，大幅提升语音合成自然度。这些突破为现代语音技术商业化奠定了基础。20 世纪 80 年代，随着数字信号处理技术的成熟，语音信号处理进入快速发展期。如科大讯飞等企业开始崭露头角，其核心技术路径与国际前沿形成共振。1999 年，科大讯飞成立，率先在国内推出中文语音合成系统，打破了国外技术垄断。早期团队基于隐马尔可夫模型 (HMM) 构建语音识别框架，通过海量语料训练提升模型对中文声调、方言变体的适应性。2008 年，科大讯飞在国际说话人识别评测 (NIST SRE) 中首次夺冠，标志着中国语音技术跻身全球第一梯队。

4.1.2 机器的嘴巴——语音合成

语音合成技术，又称文语转换 (Text to Speech，TTS) 技术，是通过机械的、电子的方法产生人造语音的技术，能将任意文字信息实时转化为标准流畅的语音并朗读出来，相当于给机器装上了人工嘴巴。语音合成技术涉及声学、语言学、数字信号处理、计算机科学等多个学科的技术，是中文信息处理领域的一项前沿技术，主要解决如何将文字信息转化为可听的声音信息。

1. 语音合成过程

在语音合成过程中，总共有 3 个步骤，分别是语言处理、韵律处理和声学处理，如图 4-2 所示。

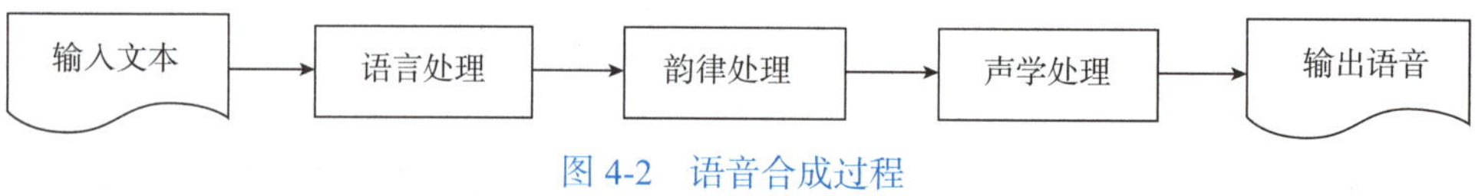

图 4-2　语音合成过程

(1) 语言处理。它在语言合成过程中起着重要的作用。该步骤主要模拟人对自然语言的理解过程，包括文本规整、词的切分、语法分析和语义分析，使计算机对输入的文本能完全理解，并给出后两个步骤所需要的各种发音提示。

(2) 韵律处理。为合成的语音规划出音段特征，如音高、音长和音强等，使合成的语音能正确表达语意，听起来更加自然。

(3) 声学处理。该步骤是将前两个步骤的处理结果进行处理，即合成语音。

2. 语音合成技术的应用

语音合成技术能满足将文本转化成拟人化语音的需求，打通人机交互闭环。它能提供多种音色选择，支持自定义音量、语速，为企业客户提供个性化音色定制服务，让发音更自然、更专业、更符合场景需求。语音合成技术被广泛应用于语音导航、有声读物、语音助手、自动新闻播报等场景中，用以提升人机交互体验，提高语音类应用构建效率。语音合成技术的应用广泛，可以从以下 3 个方面罗列。

(1) 各种 App。当前手机上大多有电子阅读类 App，如 QQ 阅读等，能自动朗读小说。各种导航类 App，也能运用语音合成技术来播报路况信息。

(2) 智能服务类产品。智能服务类产品包括智能语音机器人、智能音箱等。智能语音机器人产品遍布各行各业，其声音也各具特色，如银行、医院的导航机器人，需要亲切的声音；教育行业的早教机器人，需要可爱的声音；营销类型的外呼机器人，对于不同的话术场景可以定制不同的声音。科大讯飞展厅中的服务机器人如图 4-3 所示。智能声音交互已经融入我们的生活中，不仅可以点播歌曲、播报新闻、讲故事，还可以对智能家居设备进行控制，如打开窗帘、设置冰箱温度、关闭空调、提前让热水器升温等。

图 4-3　科大讯飞展厅中的服务机器人

(3) 特殊领域。针对视障人群，iOS 系统的 Voice Over、Android 系统的 Talk Back 通过 TTS 技术将屏幕文字转化为语音，全球超 3 亿视障用户借此“阅读”手机内容。微软的“讲述人”工具进一步支持自定义语音速度、停顿，适配不同阅读习惯。针对孤独症儿童的

“大米和小米”干预平台，利用情感合成语音(如温和的女声)引导患儿进行语言模仿训练，配合视觉反馈(如动画奖励)，使语言康复效率提升。

4.1.3 机器的耳朵——语音识别

语音识别(Speech Recognition)是实现语音自动控制的基础，是利用计算机自动对语音信号的音素、音节、词进行识别的技术总称。

语音识别起源于20世纪50年代的“口授打字机”梦想，科学家在解决元音的共振峰变迁问题并掌握辅音的声学特性后，相信从语音到文字的过程是可以用机器实现的，即可以把普通的读音转换成书写的文字。语音识别的理论研究已经有70多年，但是转入实际应用却是在数字技术、集成电路技术发展之后，现在已经取得了许多实用的成果。

语音识别一般包含特征提取、声学模型、语言模型、语音解码和搜索算法4部分内容。特征提取是把要分析的信号从原始信号中提取出来，为声学模型提供合适的特征向量。为了更有效地提取特征，还需要对语音进行预处理，包括对语音的幅度标称化、频响校正、分帧、加窗和始末端点检测等。

与语音识别相近的概念是声纹识别。声纹识别技术是生物识别技术的一种，也称为说话人识别技术，包括说话人辨认(Speaker Identification)技术和说话人确认(Speaker Verification)技术。前者用于判断某段语音是若干人中的哪一个所说，是“多选一”问题；后者用于确认某段语音是否是指定的某个人所说，是“一对一判别”问题。声纹识别就是把声信号转换成电信号，再用计算机对其进行识别。

语音识别技术已经取得了广泛的应用，按照其识别领域来划分，可以分为封闭域识别应用和开放域识别应用。

1. 封闭域识别应用

在封闭域识别应用中，识别范围为预先设定的字和词的集合。也就是说，算法只在开发者预先设定的字和词的集合内进行语音识别，对范围之外的语音无法识别。

(1) 智能硬件控制。智能家居(如“小爱同学，把客厅温度调到24℃”)、车载系统(如“导航到天安门广场”)、工业设备(如车间语音控制机械臂)。案例：小米IoT设备的语音控制模块，通过深度神经网络(DNN)结合声学模型压缩技术，在智能音箱端侧的指令识别准确率达到98%，响应延迟小于300ms。

(2) 身份验证与安全领域。金融支付语音密码(如“我要转账5000元给张三”)、门禁系统语音口令(如“芝麻开门”)。案例：招商银行“刷脸＋语音”双重认证系统，结合说话人识别技术，将欺诈交易率降低至0.003%，远低于行业平均水平。

(3) 垂直行业专用系统。医疗领域语音电子病历(如医生口述“患者咳嗽、发热3天”)、物流仓储语音拣货(如“拣选A区第5货架的纸箱”)。案例：推想医疗的语音病历系统，支持300＋种疾病术语识别，医生录入效率提升400%，病历书写时间从45分钟/例缩短至8分钟/例。

2. 开放域识别应用

在开放域识别应用中，无须预先指定识别字和词的集合，算法将在所有语言组成的大集合中进行识别。开放域识别应用中的声学模型和语音模型一般都比较大，引擎运算量也较大。如果将其封装到嵌入式芯片或者本地化的软件开发工具包中，耗能较高且影响识别效果。

因此，大部分厂商基本上都只以云端形式(公有云形式和私有云形式)提供与开放域识别应用相关的服务。至于本地化形式，只提供带服务器级别计算能力的嵌入式系统(如会议字幕系统)。

按照音频录入和结果获取方式来划分，开放域识别应用中的产品形态可分为以下3种。

(1) 流式上传——同步获取。应用或软件会对说话人的语音进行自动录制，并将其连续上传至云端，说话人在说完话的同时能实时地看到返回的文字。

这种产品形态主要应用于输入场景中，如会议或法院庭审时的实时字幕显示；也可以应用在与麦克风阵列和语义结合的人机交互场景中，如具备自然交互功能的智能音箱。例如，用户说“请转发这篇文章”，在无配置的情况下，语音识别系统也能够识别这句话，并返回相应的文字结果。

(2) 已录制音频文件上传——异步获取，音频时长一般小于3小时。用户需自行调用软件接口，或是硬件平台预先录制好规定格式的音频，并使用语音云服务厂商提供的接口进行音频上传，上传完成之后便可以断开连接。用户通过轮询语音云服务器或者使用回调接口获取结果。

由于长语音的计算量较大，计算时间较长，因此，采取异步获取的方式可以避免网络问题导致的结果丢失。因为语音转写系统通常是非实时处理的，所以也给了识别算法更多的时间进行多遍解码。在输入音频相同的情况下，此类型产品形态牺牲了一部分实时率，消耗了更多的资源，但是却可以得到更高的识别率。在时间允许的使用场景中，“非实时已录制音频转写”无疑是最值得推荐的产品形态。

这种产品形态主要用于为已经录制完毕的音频或视频配字幕，或对实时性要求不高的客服语音质检和审查场景等。

(3) 已录制音频文件上传——同步获取用户原创内容 (User Generated Content，UGC) 的语音内容，音频时长一般小于1分钟。用户需自行预先录制好规定格式的音频，并使用语音云服务厂商提供的接口进行音频上传。此时，客户端与云端建立长连接，同步监听并一次性获取完整的识别结果。

这种产品形态主要作为前两种产品形态的补充，适用于无法用音频录制接口进行实时音频上传，或者对结果获取的实时性要求比较高的场景。

4.1.4　不一样的声纹识别

什么是声纹？说起“指纹”，大家都不会感到陌生。每个人的指纹都不一样，而声音虽然不具备真正意义上的“纹理”，但每个人的发音器官，包括声带、声管等，在大小和形状上会有所差异，使得不同的人也有着不一样的声音。

广义上讲，所有可以将一个人的声音与其他人的声音区分开来的特征，都可以称为“声纹”。而正是因为有着这样一些特征的存在，声纹才得以像指纹一样，衍生出各种实用的技术。声纹识别的过程如图 4-4 所示。

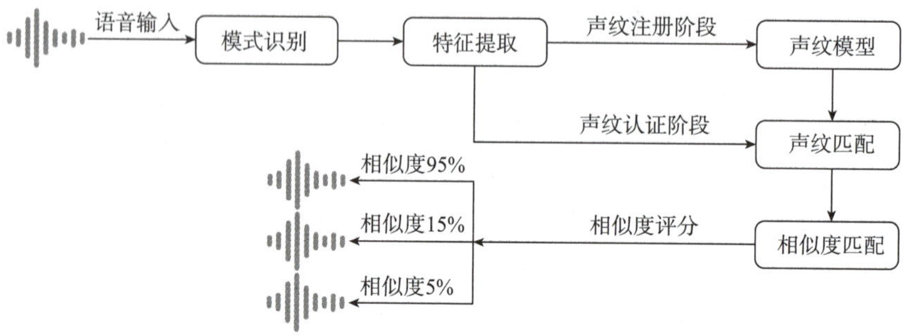

图 4-4　声纹识别的过程

声纹识别是生物识别技术的一种，也是语音技术的分支，也被称为说话人识别，包含声纹注册和声纹认证两道程序。所谓声纹识别就是把声信号转换成电信号，提取特征、搭建模型，根据匹配度进行识别判断。

1. 声纹识别与语音识别

声纹识别近年来才逐渐进入大众视野，它与语音识别同属于语音前端信号处理部分，经常被放在一起进行比较。语音识别和声纹识别虽然在智能语音技术中都属于对语音信号的处理，但实际的技术方向及应用却截然相反。

语音识别追求的是声音的共性，也就是针对不同个体对于同一句话的不同声音、口音、语速表达，可以翻译成同样的文字。例如，在使用智能音箱时，对于同样的指令，无论发出这个指令的个体是男是女，带有哪种口音，智能音箱都需要能够对语音输入提取共性，并做出准确、一致的应答。

声纹识别则追求声音的个性，即针对同一个体在不同情境下的不同表达，可以认证声源来自同一个体。例如，语音登录系统，有时因外部环境、身体状态等因素，说话人的语音输入会出现语速、声调等变化，而一个完善的声纹识别系统，则要能够提取不同情境下语音输入信号的特性，并准确认证说话人的身份，以完成登录。

2. 声纹识别技术

和指纹识别、人脸识别一样，声纹识别也是生物特征识别技术中的一种，该技术利用算法和神经网络模型，使机器能够从音频信号中识别出不同人说话的声音。

2017 年，谷歌将声纹识别技术应用于智能音箱 Google Home 上，使其能够根据不同用户的身份，提供不同的响应方式。

除声纹识别之外，声纹技术也被广泛用于构建更为强大的语音识别、语音合成及人声分离系统。以语音合成为例，快速自适应微调的语音合成系统只需获取来自特定说话人不到 5 秒的语音，便能克隆出该说话人的声音，并以其声音合成任意语音内容。OpenAI 的 Sora 模型通过 3 秒语音即可生成与目标说话人高度相似的语音。国内新发布的 “声纹云” 平台，已接入全国 20 余个省市的公安系统，累计处理声纹数据超 5000 万条，在某省刑侦案件中的应用使嫌疑人识别效率提升 700%。

声纹识别技术作为生物特征识别的重要分支，正从 “辅助工具” 走向 “核心身份认证手段”。未来，随着技术成熟与伦理框架的完善，声纹将成为连接物理身份与数字身份的关键纽带，在保障安全与提升效率之间实现平衡。

4.2　自然语言处理

自然语言处理是一门融合了语言学、数学、计算机科学的科学。这一领域的研究涉及自然语言，即人们日常使用的语言。因此它与语言学的研究有着密切的联系，但又有重要的区别。

4.2.1　自然语言处理的概念

简单地说，自然语言处理就是用计算机来处理、理解及运用人类语言 (如中文、英文等)。它是计算机科学与语言学的交叉学科，又常被称为计算语言学。自然语言是人类区别于其他动物的根本标志，没有语言，人类的思维也就无从谈起。因此，语言智能被称为人工智能皇冠上的明珠。

从研究内容来看，自然语言处理主要研究语法分析、语义分析、篇章理解等。自然语言处理的应用十分广泛，机器翻译、手写体与印刷体字符识别、语音识别与文语转换、信息检索、信息抽取与过滤、文本分类与聚类、舆情分析、观点挖掘等都属于自然语言处理的应用。

1. 分词

词是构成文本最基本的单位，分词是进行自然语言处理时最基本的步骤。分词算法分为词典法和统计法。词典法是按照一定的策略将待分析词与词典中的词条进行匹配 (正向匹配、逆向匹配、最大匹配) 的分词算法。统计法是依据基本字符串在语料库中出现的频率进行分词的方法，统计法的典型算法有 HMM 算法、CRF 算法等。

有人认为英文以空格为分割符，因此不需要进行分词的操作，这是片面的理解。对于一些特殊情况，依旧需要进行分词的操作，如 it’s 等。另外，对于英文中出现复合词的情况，也需要进行一定的识别。中文的分词工具有很多，近年来常用的是 Jieba 和 Stanford CoreNLP 等。

2. 词性标注

在进行词性标注时，需先分析出词性的类别：名词、动词、形容词、连词、副词、标点符号等。词性标注是语音识别、句法分析、信息抽取技术的基础技术之一，属于标注问题。在自动问答系统中，为了提高用户问题匹配后端知识库的召回率，可以对一些词进行过滤，如连词、副词等。对于全文检索系统，理论上可以通过对用户输入的查询条件进行词性过滤，但由于全文检索系统基于词袋模型的机械匹配，并且采用 IDF 作为特征值之一，因此词性标注对全文检索系统的效果不大。

3. 句法分析

句法分析的目的是确定句子的句法结构，包括动宾、定中、动补等结构。句法分析在自动问答系统和信息检索领域均有重要的作用。

4. 命名实体识别

命名实体识别是指定位句子中出现的人名、地名、机构名、专有名词等的过程。命名实体识别属于标注问题，因此可以采用 HMM 或 CRF 等算法对模型进行训练。基于统计的命名实体识别是基于分词、词性标注等技术的。命名实体包括 4 种类型：设施 (FAC)、地理政治实体 (GPE)、位置 (LOC)、人物 (PER)。在实际应用中，用户可以根据自己的业务需求，定义实体类别，并进行模型训练。

下面将通过一个例子加深读者对分词、词性标准、句法分析、命名实体识别等概念的理解。对给定的中文句子“我爱自然语言处理”进行处理。分词模块负责将输入的汉字切分成单词序列，在该例中对应的输出结果是“我 / 爱 / 自然语言处理”，如图 4-5 所示。分词模块是自然语言处理中最底层和最基础的任务，其输出结果直接影响后续的自然语言处理模块。

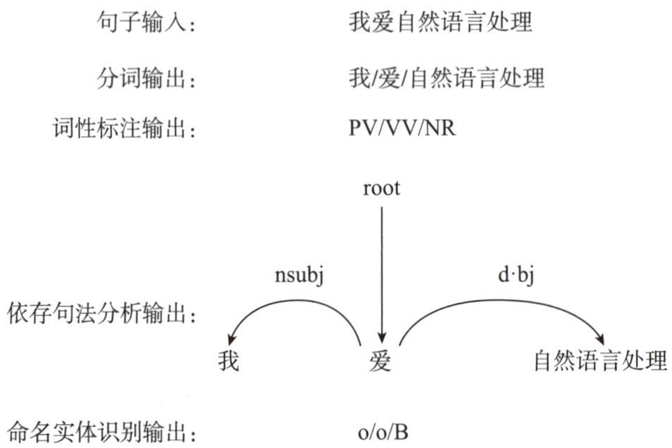

图 4-5　自然语言处理示例

5. 语义消歧

自然语言处理的困难可以罗列出来很多，关键在于消除歧义，如词法分析、句法分析、语义分析等过程中存在的歧义问题，简称消歧。而正确的消歧需要大量的知识，包括语言学知识 (如词法、句法、语义、上下文等) 和世界知识 (与语言无关)。这是自然语言处理过程中的主要困难。

(1) 语言中充满了大量的歧义，这些歧义主要体现在词法、句法及语义三个方面。歧义的产生是由于自然语言所描述的对象非常复杂，而语言的词汇和句法规则又有限，因此同一种语言形式可能具有多种含义。

单词定界问题属于词法层面的消歧任务。通俗地说，就是要由计算机在词与词之间自动加上分隔符，从而将中文文本切分为独立的单词。例如，一个句子“今天天气晴朗”带有分隔符的切分文本是“今天 / 天气 / 晴朗”。中文自动分词处于中文自然语言处理的底层，是公认的中文信息处理的第一道工序，扮演着重要的角色。我们注意到：正确的单词切分取决于对文本语义的正确理解，而单词切分又是理解语言最初的一道工序，这样就形成了一个“鸡生蛋、蛋生鸡”的问题。

(2) 消除歧义所需要的知识在获取、表达及运用上存在困难。由于语言处理的复杂性，合适的语言处理方法和模型很难设计。

例如，上下文知识的获取问题。在试图理解一句话时，即使不存在歧义，我们也往往需要考虑上下文的影响。所谓的“上下文”指的是当前所说这句话所处的语言环境。假如当前这句话中存在指代词，我们需要通过这句话前面的句子来推断这个指代词是指代什么。我们以“小明欺负小亮，因此我批评了他”为例。第二句话中的“他”是指代“小明”还是“小亮”呢？要正确理解这句话，我们就要理解上句话“小明欺负小亮”，意味着“小明”做得不对，因此第二句中的“他”应当指代的是“小明”。上下文对于当前句子的暗示形式是多种多样的，因此如何考虑上下文的影响问题是自然语言处理中的主要困难之一。

从以上两方面的困难，我们看到，自然语言处理出现困难的根源是人类语言的复杂性和语言描述的外部世界的复杂性。目前，解决语义歧义问题的常见算法策略包括基于贝叶斯分类、基于信息论、基于词典等。

4.2.2　自然语言处理的应用

自然语言处理在机器翻译、垃圾邮件分类、信息抽取、文本情感分析、智能问答、个性化推荐、知识图谱、文本分类、自动摘要、话题推荐、主题词识别、知识库构建、深度文本表示、命名实体识别、文本生成、语音识别与合成等方面都有较好的应用。

1. 机器翻译

机器翻译 (Machine Translation) 是指运用机器，通过特定的计算机程序将一种书写形式或声音形式的自然语言，翻译成另一种书写形式或声音形式的自然语言。机器翻译是一门交叉学科，组成它的三门子学科分别是计算机语言学、人工智能和数理逻辑，它们各自建立在语言学、计算机科学和数学的基础之上。

目前，文本翻译的工作方式依然是以传统的统计机器翻译和神经网络翻译为主。谷歌、微软、百度、有道等公司都为用户提供了免费的在线多语言翻译系统。速度快、成本低是文本翻译的主要特点，而且文本翻译应用广泛，不同行业都可以采用相应的专业翻译。但是，文本翻译过程是机械的和僵硬的，在翻译过程中会出现很多语义和语境方面的问题，仍然需要人工翻译来进行补充。

语音翻译是目前机器翻译中比较富有创新意识的领域，百度、科大讯飞、搜狗等公司推出的机器同传技术主要应用在会议场景。翻译机如图 4-6 所示，它可以将演讲者的语音实时转换成文本，并且进行同步翻译，低延迟显示翻译结果。人们希望它在将来能够取代人工同传，使人们以较低成本实现不同语言间的有效交流。

图 4-6　翻译机

图像翻译近年来也取得很大进展。谷歌、微软、脸书和百度等公司均拥有能够让用户搜索或者自动整理没有识别标签的照片的技术。除此之外，视频翻译和 VR 翻译等技术也在逐渐应用，但是目前还不太成熟。

2. 垃圾邮件分类

当前，垃圾邮件过滤器已成为抵御垃圾邮件问题的第一道防线。但是人们在使用电子邮件时还是会遇到一些问题：不需要的电子邮件仍然被接收，重要的电子邮件被过滤掉……事实上，判断一封邮件是否是垃圾邮件，首先用到的方法是“关键词过滤”，如果邮件中存在常见的垃圾邮件关键词，就会被判定为垃圾邮件。但使用这种方法处理垃圾邮件的效果很不理想。首先，正常邮件中也可能包含这些关键词，非常容易误判；其次，垃圾邮件也会进化，通过将关键词进行变形，很容易规避关键词过滤。

自然语言处理通过分析邮件中的文本内容，能够相对准确地判断邮件是否为垃圾邮件。目前，贝叶斯 (Bayesian) 垃圾邮件过滤是备受关注的技术之一，它通过学习大量的垃圾邮件和非垃圾邮件，收集邮件中的特征词生成垃圾词库和非垃圾词库，然后根据这些词库的统计频数计算邮件属于垃圾邮件的概率，以此来进行判定。

3. 信息抽取

信息抽取 (Information Extraction，IE) 是把文本里包含的信息进行结构化处理，变成像表格一样的组织形式。输入信息抽取系统抽取的是原始文本，输出的是固定格式的信息点。信息点从各种各样的文档中被抽取出来，然后以统一的形式集成在一起，这就是信息抽取的主要任务。将信息以统一的形式集成在一起的好处是方便检查和比较。信息抽取技术并不试图全面理解整篇文档，只是对文档中包含相关信息的部分进行分析，至于哪些信息是相关的，将由系统设计时规定的领域范围而定。

互联网是一个特殊的文档库，同一主题的信息通常分散存放在不同网站上，表现的形式也各不相同。利用信息抽取技术，可以从大量的文档中抽取需要的特定信息，并用结构化形式储存它们。优秀的信息抽取系统可以把互联网变成巨大的数据库。例如，在金融市场，许多重要决策正逐渐脱离人类的监督和控制，基于算法的交易正变得越来越流行，这是一种完全由技术控制的金融投资形式。由于很多决策都受到新闻的影响，需要用自然语言处理技术来获取这些明文公告，并以一种可被纳入算法交易决策的格式提取相关信息。例如，公司之间合并的消息可能会对交易决策产生重大影响，只要将合并细节 (包括参与者、收购价格等) 纳入到交易算法中，就可能给决策者带来巨大的利润影响。

4. 文本情感分析

文本情感分析又称意见挖掘、倾向性分析等。简单而言，就是对带有情感色彩的主观性文本进行分析、处理、归纳和推理。互联网 (如博客、论坛、大众点评等) 上产生了大量的用户参与的，对于诸如人物、事件、产品等有价值的评论信息。这些评论信息表达了人们的各种情感色彩和情感倾向性，如喜、怒、哀、乐，或批评、赞扬等。基于这些因素，网络管理员可以通过浏览这些带有主观色彩的评论来了解大众舆论对于某一事件的看法；企业可以据此分析消费者对产品的反馈信息，或者检测在线评论中的差评信息等。

5. 智能问答

互联网发展迅速，网络信息量不断增加，但人们需要获取的是更加精确的信息。传统的搜索引擎技术已经不能满足人们越来越高的需求，而智能问答技术成为解决这一问题的有效手段。智能问答系统以一问一答的形式，精确提供用户所需要的知识，通过与用户进行交互，为用户提供个性化的信息服务。机器人问答交互场景如图 4-7 所示。

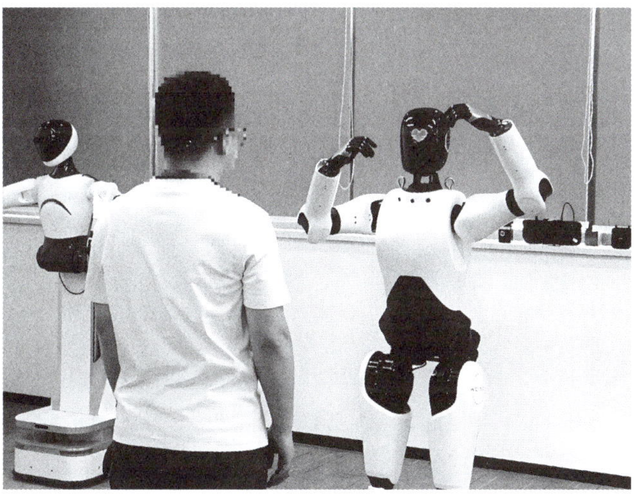

图 4-7　机器人问答交互场景

智能问答系统在回答用户问题时，首先要正确理解用户所提出的问题，抽取其中关键的信息，在已有的语料库或知识库中进行检索和匹配，将获取的答案反馈给用户，这一过程涉及了包括词法、句法、语义分析的基础技术，以及信息检索、知识工程、文本生成等多项技术。

根据目标数据源的不同，问答技术大致可以分为检索式问答、社区问答及知识库问答三种。检索式问答和社区问答的核心是浅层语义分析和关键词匹配，而知识库问答则正在逐步实现知识的深层逻辑推理。

6. 个性化推荐

个性化推荐是指根据用户的兴趣特点和购买行为，向用户推荐其感兴趣的信息和商品。个性化推荐的应用领域越来越广泛，如今日头条的新闻推荐，购物平台的商品推荐，直播平台的主播推荐，知乎上的话题推荐等都属于个性化推荐。

在电子商务领域，推荐系统可以根据大数据和用户的历史行为记录，提取用户的兴趣爱好，预测用户对给定物品的评分或偏好，实现对用户意图的精准理解，同时对语言进行匹配计算，实现精准匹配。再利用电子商务网站向客户提供商品信息和购买建议，帮助用户决定应该购买什么产品，模拟销售人员帮助客户完成购买。

在新闻服务领域，推荐系统通过用户阅读内容、时长、评论等方面的偏好，以及社交网络甚至是所使用的移动设备型号等，综合分析用户所关注的信息源及核心词汇，进行专业的细化分析，从而进行新闻推送，实现新闻的个人定制服务，最终提升用户黏性。

4.2.3 自然语言处理的现状与未来

21 世纪是以互联网为标志的海量信息时代，这些海量信息大多用自然语言来表示。一方面，海量信息为计算机学习自然语言提供了大量“素材”；另一方面，海量信息也为自然语言处理提供了更加宽广的应用舞台。例如，搜索引擎是人们获取信息的一个重要途径，出现了以百度、谷歌等为代表的搜索引擎巨头。机器翻译也从实验室进入寻常百姓家，百度、谷歌等公司为人们提供免费使用的基于海量网络数据的机器翻译工具。基于自然语言处理的输入法 (如搜狗等) 已成为计算机用户的必备工具。带有语音识别、对话系统的智能手机等电子设备也已逐渐普及，能有效协助用户随时随地工作和学习。总之，随着互联网的飞速发展、5G 的应用和海量信息的涌现，自然语言处理正在人们的日常生活中扮演着越来越重要的角色。

然而，如何有效利用海量信息是信息技术发展的一个瓶颈。自然语言处理毫无疑问地成为信息技术发展的一个新的战略制高点。在信息技术飞速发展的大环境下，仅依靠统计方法已经无法快速有效地从海量信息中学习语言知识。到目前为止，机器还不能真正理解人类的语言，如果机器能理解人类的语言，自然语言处理的应用将会发生天翻地覆的改变，我们的生活也将会呈现另外一番景象。

回首过去，自然语言处理的发展并不是一帆风顺的，有低谷，也有高潮。展望未来，我们正面临新的挑战和机遇。目前，网络搜索引擎还停留在关键词匹配阶段，缺乏深层次的自然语言处理和理解，语音识别、情感分析、问答系统、机器翻译等应用目前也只能达到基础水平。路漫漫其修远兮，自然语言处理作为一个高度交叉的新兴学科，将来必定会有令人期待的惊喜和异常快速的发展。

拓展阅读 4-1

语料与语料库

4.3　图形信息处理

如果有人朝你扔过来一个球，通常你会怎么办？当然是马上把它接住。

这个问题是不是很简单？但实际上，这是一个很复杂的处理过程。过程大概如下：首先球进入你的视网膜，一番元素分析后，将信息发送到大脑，视觉皮层会更加彻底地去分析图像，把信息发送到剩余的皮质，与已知的任何物体相比较，进行物体和纬度的归类，最终决定你下一步的行动——举起双手、接住球(之前已经预测到球的行进轨迹)。

上述过程只在零点几秒内发生，几乎都是完全下意识的行为，也很少会出差错。因此，重塑人类的视觉并不只是一个单一的课题，而是一系列、环环相扣的过程。

4.3.1　计算机视觉的基本概念

计算机视觉技术是深度学习领域最热门的研究方向之一。计算机视觉实际上是一个跨领域的交叉学科，涉及计算机科学(图形、算法、理论、系统、体系结构)、数学(信息检索、机器学习)、工程学(机器人、语音、自然语言处理、图像处理)、物理学(光学)，生物学(神经科学)和心理学(认知科学)等领域。许多科学家认为，计算机视觉为人工智能的发展开拓了道路。

1. 计算机视觉的定义

那么什么是计算机视觉呢？下面是几个比较严谨的定义。

(1) 对图像中的客观对象构建明确而有意义的描述 (Ballard & Brown，1982)。

(2) 从一个或多个数字图像中计算三维世界的特性 (Trucco & Verri，1998)。

(3) 基于感知图像做出对客观对象和场景有用的决策 (Sockman & Shapiro，2001)。

2. 计算机视觉研究的概念

计算机视觉研究中有 3 个概念。

(1) 计算机视觉。计算机视觉通常是指对图像进行数据采集后提取出图像的特征，它处理的图像的数据量很大，偏软件层。

(2) 机器视觉。机器视觉处理的图像一般不大，采集图像数据后仅进行较低数据流的计算，偏硬件层，多用于工业机器人、工业检测等。

(3) 图像处理。图像处理是指对图像数据进行转换变形，方式包括降噪、傅里叶变换、小波分析等，图像处理技术的主要内容包括图像压缩，增强和复原，匹配、描述和识别 3 个部分，图像增强效果图如图 4-8 所示。

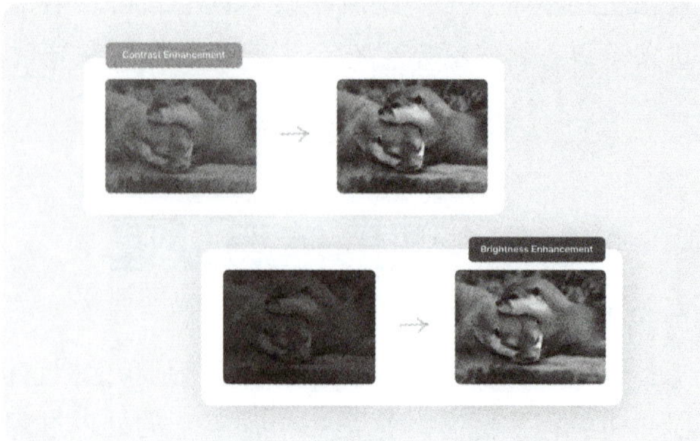

图 4-8　图像增强效果图

3. 计算机视觉技术的应用

计算机视觉是人工智能的一种形式，可以让计算机“看到”世界，分析视觉数据，然后从中作出决定。这个研究领域已经衍生出了一大批快速成长的、有实际作用的应用。下面简单介绍计算机视觉技术的几个应用。

(1) 人脸识别。Snapchat 和 Facebook 可使用人脸检测算法来识别人脸，人脸识别数据如图 4-9 所示。

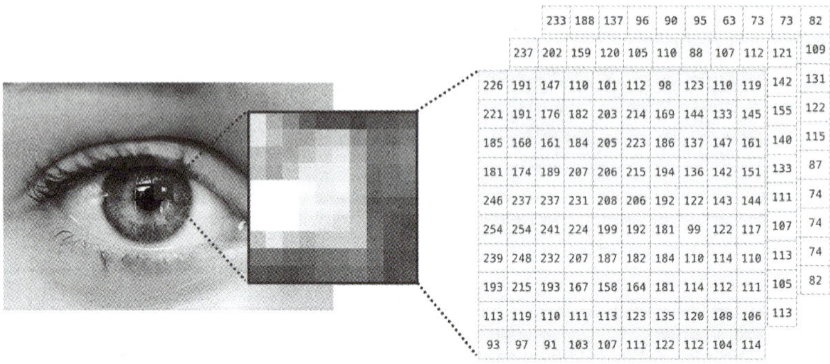

图 4-9　人脸识别数据

(2) 图像检索。Google Images 使用基于内容的查询来搜索相关图片，通过算法分析查询图像中的内容，并根据最佳匹配内容返回结果。

(3) 游戏和控制。微软公司的 Kinect 是使用立体视觉较为成功的游戏应用产品。

(4) 监测。如今，用于监测可疑行为的监视摄像头已遍布于各大公共场所中。

神经网络和深度学习的最新进展极大地推动了视觉识别系统的发展。

4.3.2　图像识别

这里以百度公司在图像识别方面的应用为例，来介绍图像识别技术。

1. 图像猜词

以百度图像猜词为例，它包括 4 万个类别，在技术上采用了深度卷积神经网络，能为百度识图、图像搜索、图片推广平台提供视觉语义特征。

百度图像猜词构建了全球最大的图像识别训练集合，共有 10 万类别及 1 亿张图片，数据量约为公开数据集 ImagNet 全库的 10 倍，识别精度世界领先。

2. 识别万物

用手机拍照，上传动物或植物图片，会显示出动物或植物名称和对比图，有时还有花语诗词、植物趣闻等丰富内容。其中，微软识花、花伴侣、形色、识花君等是效果较好的应用软件，百度识别万物流程示意图如图 4-10 所示。

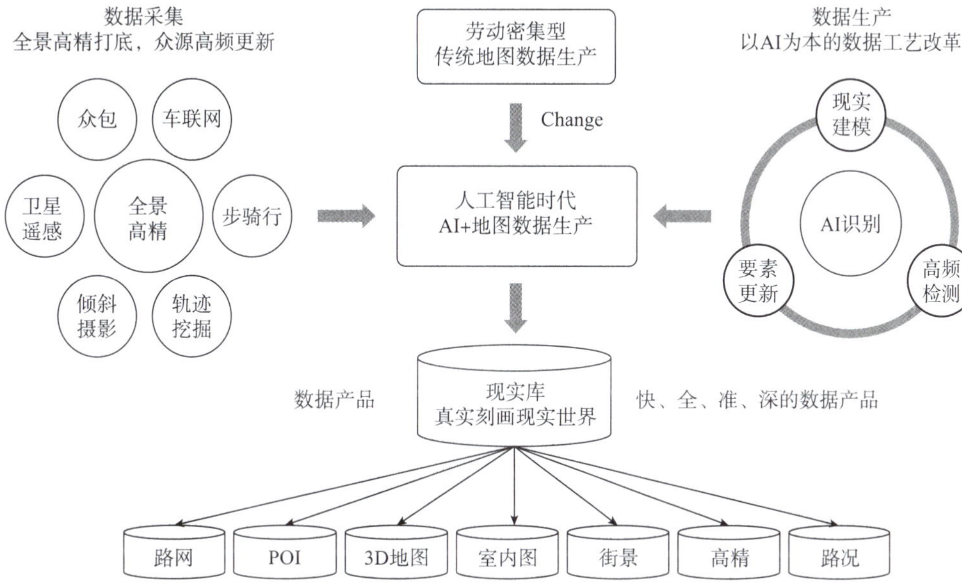

图 4-10　百度识别万物流程示意图

3. 相册整理

“理理相册”是一款简单实用的相册管理兼图片处理 App，它操作简单，并可批量管理手机内照片，具有图片瘦身、加密隐私图片、查找相似图片等人性化功能。

“理理相册”能自动帮用户分析相册的场景，如家、街道、花园等，用户也可以设置图片类型。“理解相册”的搜索功能很丰富，可以弥补系统相册的不足，让照片得到最美观、直接的呈现。

4. 净化网络

利用图像识别技术，每天能检测出大量的色情视频和色情图片。

5. 发展和成绩

现有的图像识别技术还不能理解图像深层次想要表达的语义，这也是图像识别技术未来的发展方向。百度在智能出图 (基于网民搜索意图和广告主推广意图)、基于图片内容的主体识别(在有限的区域内展现最有价值的内容)、图片低质量过滤(智能处理和过滤客户网站各类图片，选出高质量候选图片)等方面均取得了较好的成绩。

4.3.3 文字识别

计算机文字识别，又称光学字符识别(Optical Character Recognition，OCR)，是指利用光学技术和计算机技术把印在或写在纸上的文字读取出来，并将其转换成一种计算机能够接受、人又可以理解的格式。它是实现文字高速录入的一项关键技术，利用App识别文字信息的场景如图4-11所示。

图 4-11　利用 App 识别文字信息的场景

(1) 在金融行业中的应用。在金融行业中，计算机文字识别技术可以帮助企业进行身份证、银行卡、驾驶证、行驶证、营业执照等证照的识别操作，还可以进行财务年报、财务报表、合同等各种文档的识别操作。

(2) 在广告行业中的应用。计算机文字识别技术可以帮助用户实现图像文字、视频文字反作弊，也就是识别图片上面的违规文字。目前，该技术已在多家知名企业中进行应用，也在百度公司(图片搜索、广告、贴吧等)中广泛使用。

(3) 票据应用。在保险、医疗、电商、财务等需要大量票据录入工作的场景中，计算机文字识别技术可以帮助用户快速进行各种票据录入工作。泰康人寿、太平洋保险等多家企业已经使用计算机文字识别技术并取得了较好的效果。

(4) 在教育行业中的应用。在多种教育场景下，可以使用计算机文字识别技术进行题目识别、题目输入、题目搜索等操作。作业帮和一些教育网站提供了拍照解题功能，可以拍照上传题目，得到解答，其中少不了计算机文字识别技术的应用。

(5) 在交通行业中的应用。计算机文字识别技术可以识别道路标识牌，提升地图数据生产效率与质量，助力高精地图基础数据生产。计算机文字识别技术还能识别驾驶证、行驶证、车牌等证照，提高用户输入效率，增强用户体验。

(6) 在视频行业中的应用。计算机文字识别技术可以帮助用户识别视频字幕、视频新闻标题等文字信息，帮助客户进行视频标识、视频建档。在某些需要对视频进行标注、分类、建档、商业广告插入的情境中，可以通过计算机文字识别技术极大地降低成本。某些需要对视频中的新闻标题、专题文字进行标注整理的环节，也可以通过计算机文字识别技术来实现。

4.3.4　人脸识别

人脸识别技术已经在很多领域取得了非常广泛的应用，按应用方式划分，可分为以下 4 类。

(1) 人证对比。主要应用于金融身份核验、考勤认证、考试验证等场景。

(2) 人脸识别。主要应用于人脸闸机、VIP 识别、安防监控等场景。

(3) 人脸验证。主要应用于人脸登录、密码找回、刷脸支付等场景。

(4) 人脸编辑。主要应用于人脸美化、人脸贴纸等场景。

1. 人脸美化

通过人脸美化和人脸贴纸产品，能把人脸五官的关键点检测出来，然后进行瘦脸、放大眼睛、美白皮肤等操作，并可加上一些小贴纸作为装饰。

2. 人证对比

人证对比是把人脸图像和身份证上的人脸信息进行对比，来验证身份证持有者是否为本人。这种系统一般是先进行人脸和证件照片的信息采集，在登录或其他场景中，用前端拍摄的人脸图片和后端的证件照片进行对比，来验证身份。

拓展阅读 4-2

3D 人脸识别

人脸闸机是常见的人证对比设备，应用广泛，人脸闸机中的图片识别示例如图 4-12 所示。

图 4-12　人脸闸机中的图片识别示例图

3. 在金融保险行业中的应用

在基于互联网的金融保险行业中，经常通过人脸识别来开展业务，具体业务包括以下几种。

(1) 通过文字、语音引导，提高用户认知。

(2) 通过位置引导，提高检测成功率。

(3) 通过产品策略，提高照片质量。

(4) 通过惯性动作，降低交互成本，确保是“活人”且是本人。

从保险公司的角度来看，商业保险极为敏感，如果不设立一定的门槛，骗保、造假事件很容易发生。

从客户的角度来看，买保险最麻烦的问题就是拿着身份证、户口本及一系列材料去保险公司“证明自己是自己”。特别是在理赔时，更是处处需要交证明材料，体验感很差，以至于很多时候，繁杂的审核已经成为客户不太愿意购买商业保险的重要原因之一。

使用人脸识别技术更加方便快捷，可以缩短流程。例如，行动不便的人，无法到社保中心、保险公司进行现场身份确认，通过人脸识别的方式可以节约时间成本。以前买保险为了更换一个手机号码就得跑一趟柜台，提供各式各样的身份证件以“验明真身”，现在，通过人脸识别技术便可以减少这些复杂的流程。

另外，人脸识别的安全性也更高，使身份验证基本可以“准确无误”。过去，保险行业中常出现冒用身份或者使用虚假身份证明的情况，采用人脸识别、活体检测技术会杜绝这类情况的发生。投保过程中，只需要客户本人进行身份信息录入，通过人脸识别技术判断是否为本人，不符合条件的客户无法进行投保，以降低伪保率。这样既减少用户的时间成本，也降低保险公司的人力成本和时间成本。

保险公司采用人脸识别技术后，还可以建立完整的体验闭环，将人脸识别应用到更加复杂的服务之中。人脸识别技术不仅可以运用在用户购买保险的过程中，在未来还可以运用在其他业务环节里，投保、核保、理赔等业务都可以直接在手机上完成，能极大地提高用户和保险公司双方的效率。

4. 在公安系统中的应用

(1) 抓拍交通违法。目前已经有很多城市启动了人脸抓拍系统，红灯亮起后，若越过停止线，系统会自动抓拍 4 张照片，保留 15 秒视频，并截取违法人头像。我国的交通监控系统——“海燕系统”的应用场景如图 4-13 所示。

图 4-13　我国的交通监控系统——“海燕系统”的应用场景

(2) 抓捕逃犯。预先录入在逃人员的图像信息，当逃犯出现在布控范围内时，摄像头捕捉到逃犯的面部信息，通过与后端数据库进行比对，确认他和数据库中的逃犯是同一个人，系统就会发出报警信息，提醒公安人员对其进行抓捕。

4.3.5　讯飞视觉开放平台应用

为了更好地理解计算机视觉技术，我们可以通过讯飞开放平台体验人脸识别、手写文字识别等应用，如图 4-14 所示。

图 4-14　讯飞开放平台

按照如下步骤操作，即可使用讯飞开放平台。

(1) 填写相关信息。注册并登录讯飞开放平台，如图 4-15 所示。

图 4-15　注册并登录讯飞开放平台

(2) 根据需求，创建应用，如图 4-16 所示。

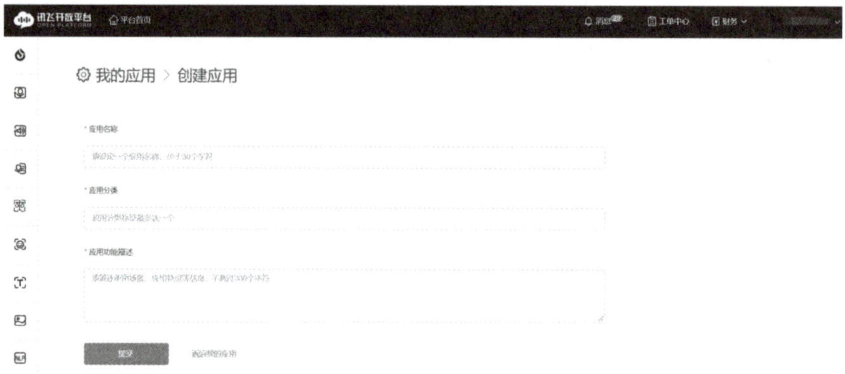

图 4-16　创建应用页面

(3) 获取 API 接口或下载 SDK 体验测试，如图 4-17 所示。

图 4-17　获取 API 接口或下载 SDK 体验测试

4.4　知识图谱

我们上网时会经常查找一些感兴趣的页面或产品，在浏览器上浏览过的痕迹会被系统记录下来，放入特征库。例如，对电子商务网站来说，假如我们想购买笔记本，就会在电子商务网站上查看并比较不同商家的笔记本商品，当再次打开电子商务网站时，若干笔记本商品就会优先显示在商品列表中，供我们选择。再比如浏览新闻，如果我们对体育类或者社会热点类新闻很关注，新闻 App 就会推荐与体育或者社会热点相关的新闻。这就是将用户的个性化特征与知识图谱结合得到的个性化推荐系统，如图 4-18 所示。

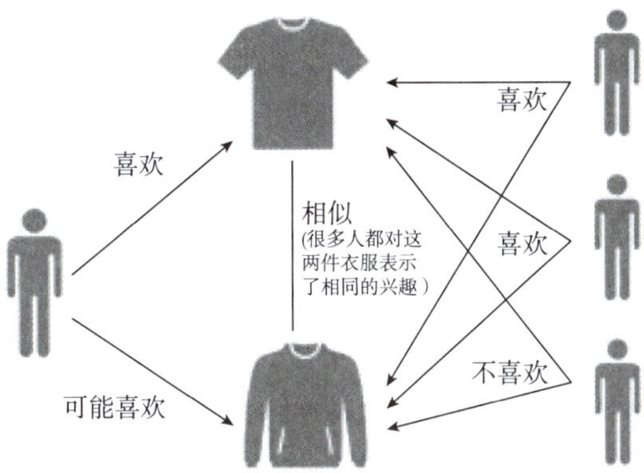

图 4-18 个性化推荐系统图

结合知识图谱实现的个性化推荐系统通过收集用户的兴趣偏好、属性，收集产品的分类、属性、内容等，分析用户之间的社会关系，用户和产品间的关联关系，利用个性化算法，推断出用户的喜好和需求，从而为用户推荐感兴趣的产品或内容。

知识图谱的应用场景很多，除了问答、搜索和个性化推荐，在不同行业不同领域均有广泛应用，下面列举几个目前比较常见的应用场景。

4.4.1 信用卡申请反欺诈图谱

银行信用卡申请的欺诈行为是指信用卡申请者使用他人身份或编造、伪造的虚假身份进行信用卡申请、贷款申请、透支欺诈等欺诈行为，包括个人欺诈、团伙欺诈、中介包装、伪冒资料等。

欺诈者一般会共用合法联系人的一部分信息，如联系地址、联系人手机号等，并通过它们的不同组合创建多个合成身份。例如，借款人 C 和借款人 A 填写的信息为同事，但是两个人填写的公司名却不一样；或者同一个电话号码属于两个借款人。这些信息的不一致性表明很可能存在欺诈行为。知识图谱在反欺诈中的应用示例如图 4-19 所示。

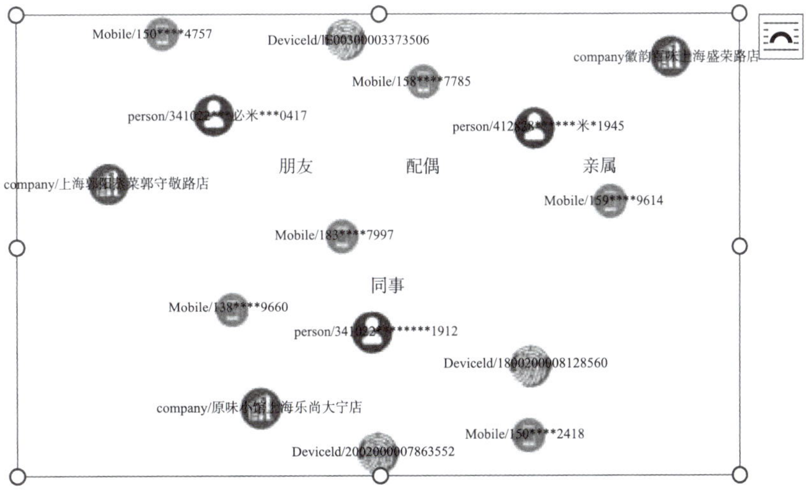

图 4-19 知识图谱在反欺诈中的应用示例

4.4.2 企业知识图谱

企业数据包括企业基础数据、投资关系、任职关系、企业专利数据、企业招投标数据、企业招聘数据、企业诉讼数据、企业失信数据、企业新闻数据等。利用知识图谱整合以上企业数据，可以构建企业知识图谱，并在企业知识图谱之上利用图谱特性，为企业提供一系列的图谱应用。

(1) 企业风险评估。基于企业的基础信息、投资关系、诉讼、失信等多维度关联数据，利用图计算等方法构建科学、严谨的企业风险评估体系，有效规避潜在的经营风险与资金风险。

(2) 企业社交图谱查询。基于投资、任职、专利、招投标、涉诉关系，以目标企业为核心向外层层扩散，形成一张网络关系图，直观立体地展现企业关联信息。

(3) 企业最终控制人查询。基于股权投资关系寻找持股比例最大的股东，最终追溯至某自然人或法人。

(4) 企业之间路径发现。在基于股权、任职、专利、招投标、涉诉等关系形成的网络关系中，查询企业之间的最短关系路径，衡量企业之间的联系密切度。

(5) 企业融资发展历程。基于企业知识图谱中的融资事件发生的时间顺序，记录企业的融资发展历程。

(6) 企业智能问答。用户可以输入自然语言问题，由系统直接给出用户想要的答案。

4.4.3 金融交易知识图谱

金融交易知识图谱是在企业知识图谱之上，增加交易客户数据、客户之间的关系数据及交易行为数据等，利用图挖掘技术分析实体与实体之间的关联关系，最终形成的与金融领域的相关交易知识图谱。

例如，在银行交易反欺诈方面，可以从身份证、手机号、设备指纹、IP 地址等多重维度对持卡人的历史交易信息进行自动化关联分析，及时发现可疑人员和可疑交易。

4.4.4 反洗钱知识图谱

反洗钱知识图谱可精准追踪多张银行卡间的交易路径，从源头的账户、卡号、商户等关联至最后收款方，识别洗钱、套现路径和可疑人员，并通过可疑人员的交易轨迹，层层关联，分析得到更多可疑人员、账户、商户。

4.4.5 信贷知识图谱

信贷知识图谱可从身份证、手机号、紧急联系人手机号、设备指纹、家庭地址、办公地址、IP 地址等多重维度对申请人的申请信息进行自动化关联分析，通过关系并结合规则，可以识别异常信息，从而有效判别申请人信息的真实性和可靠性。

拓展阅读 4–3

知识图谱的由来

本章习题

一、基础知识题

1. 对语言的特征 (类似中文中的声母和韵母) 进行提取建模的模型，称为 (　　)。

A. 语言模型　　B. 声学模型

C. 语音模型　　D. 声母模型

2. 在人机系统中进行语音交互时，经常需要先呼叫系统的名字，系统才能开始对话，这类技术被称为 (　　)。

A. 语音识别　　B. 语音合成

C. 语音放大　　D. 语音唤醒

3. 用户在正常交谈时，语音对话系统被错误唤醒的指标，被称为 (　　)。

A. 错误拒绝率　　B. 错误接受率

C. 功耗损失率　　D. 错误唤醒率

4. 能识别出说话人是谁的技术，被称为 (　　)。

A. 语音识别　　B. 语音合成

C. 语音唤醒　　D. 声纹识别

5. 百度语音识别服务中，(　　) 格式的音频文件是不支持的。

A. mp3　　B. pcm

C. wav　　D. amr

6. 对于自然语言中的交叉歧义问题，通常通过 (　　) 技术解决。

A. 分词　　B. 命名实体识别

C. 词性标注　　D. 词向量

7. 识别自然语言文本中具有特定意义的实体 (人名、地名、机构、时间、作品等) 的技术被称为 (　　)。

A. 分词　　B. 命名实体识别

C. 词性标注　　D. 词向量

8. 在聊天系统中，系统需要识别用户输入的句子是否符合语言表达习惯，并引导输入错误的用户是否需要澄清自己的需求，这个过程中主要会用到 (　　)。

A. 分词　　B. 命名实体识别

C. 词性标注　　D. 语言模型

9. 在一堆有关动物的图片中，需要选择出所有包含狗的图片，并框选出狗在图片中的位置，这类问题属于 (　　)。

A. 图像分割　　B. 图像检测

C. 图像分类　　D. 图像问答

10. 在若干动物图片中，需要根据动物的不同类别把图片放到不同组里，这类问题属于 (　　) 问题。

A. 图像分割　　B. 图像检测

C. 图像分类　　D. 图像问答

二、思考题

1. 人工智能在医疗领域的应用包括医学影像分析和药物研发。请结合你熟悉的一种生活场景 (如零售、物流、家居等)，设计一个具体的人工智能解决方案，并分析：该方案需要哪些核心技术 (如计算机视觉、自然语言处理等)？可能面临的技术或伦理挑战有哪些？

2. 国务院将人工智能定位为“战略性技术”，但其发展也可能带来就业结构变革。请选择某一行业 (如制造业 / 客服 / 医疗)，分析人工智能将如何重构该行业的职业分工，并提出应对潜在失业风险的可行性建议 (如新型岗位创造、技能再培训等)。

第5章

人工智能应用场景

本章聚焦人工智能在七大典型场景的具体应用，系统解析智能交通、智慧旅游、智能金融、智慧零售、智慧安防、智慧医疗、智慧教育的核心逻辑与实践案例，展现“AI + 行业”如何重构传统模式。本章通过技术原理、发展历程、应用场景及典型案例的多维解读，揭示人工智能在提升效率、优化体验、解决行业痛点中的关键作用，为理解人工智能的商业化路径提供全景视角。

学习目标

1. 掌握智能交通、智慧旅游、智能金融、智慧零售、智慧安防、智慧医疗、智慧教育七大场景的定义与技术内涵。

2. 了解各场景的发展历程与关键阶段。

3. 了解各场景的核心技术、应用场景及功能。

4. 通过具体案例理解“AI + 行业”的落地实践。

能力目标

1. 能够分析人工智能技术在各行业中的具体应用逻辑与效果。

2. 能够总结不同场景中的共性技术（如计算机视觉、语音识别），并理解其跨行业应用逻辑。

3. 能够运用 AI 技术思维解决行业痛点。

素养目标

1. 关注 AI 应用中的隐私保护（如智慧安防的人脸识别数据安全）、公平性（如智能投顾的算法透明性）等伦理问题。

2. 理解“AI＋行业”的跨界融合逻辑，培养技术创新与商业模式创新的整合能力。

3. 认识 AI 技术对社会效率提升（如智慧医疗缩短诊断时间）、民生改善（如智能交通缓解拥堵）的积极意义。

思维导图

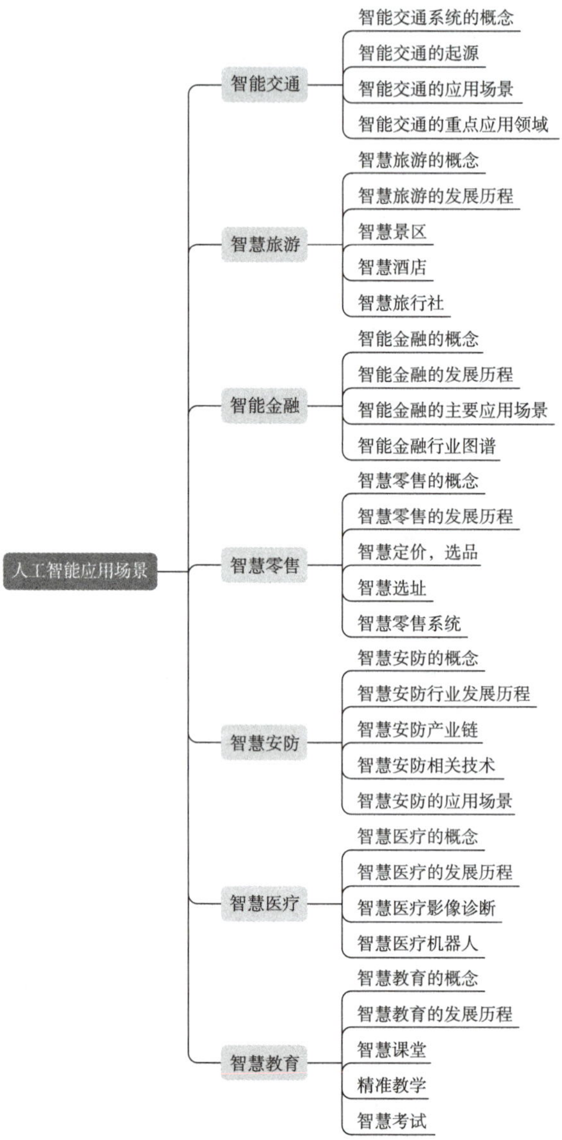

素养园地

统筹推进现代交通物流体系建设

5.1 智能交通

2020 年 1 月 20 日，河南省郑州市第一批 15 辆 5G 智能公交车正式上路运营，如图 5-1 所示。据介绍，这些 5G 智能公交车在外形方面和传统公交车大不相同，功能十分先进。5G 智能公交车的车厢和外部设施由中央微电脑控制。在车身的正前方和左右两侧装有雷达感应器，这是专为自动驾驶所安装的设备，目的是使公交车能及时监测路况。5G 智能公交车的智能化还体现在工作台上。传统公交车的工作台比较简单，而 5G 智能公交车的工作台可以进行语音控制，例如，司机按下屏幕上的按钮，说“打开空调”，工作台就可以识别语音并打开空调。

图 5-1 5G 智能公交车

5.1.1 智能交通系统的概念

智能交通系统 (Intelligent Transportation System，ITS) 指的是在较完善的基础设施 (包括道路、港口、机场等) 之上将先进的信息技术、数据通信传输技术、电子传感技术、电子控制技术及计算机处理技术等有效地集成并运用于整个交通运输管理体系，从而建立起的一种在大范围、全方位发挥作用的实时、准确、高效的综合运输和管理系统。

5.1.2 智能交通的起源

在过去，交通系统中各类影响因子 (变量) 的发展都是可预见的，因此交通系统基本上都处于可控范围内。但自从汽车工业跨入 20 世纪后半叶，尤其是近二十年来，随着各种自动化组装流水线的高效运转和全球供应链的成熟，汽车的制造成本被大幅压缩，加上全球经济环境的稳定与活跃，人们的生活水平获得实质提升，汽车保有量激增，道路交通开始出现问题。随着城市化进程的推动，人流、财富汇聚，交通需求呈现出集中化趋势，交通变量开始呈现出指数级增长。在这种情况下，城市里需要修建更多的道路，如用于疏解交通压力的高架、快速路、立交桥等，同时根据车流量增设红绿灯，扩大交通管制队伍。但是人们发现，即便做出了如此多的举措，依然出现诸多交通问题。这是因为我们处理交通状况的能力有上限。伴随技术的发展，智能交通的概念被提出并用以处理交通问题。

5.1.3 智能交通的应用场景

智能交通将先进的信息技术、数据传输技术及计算机处理技术等集成到交通运输管理体系中，使人、车、路能够紧密配合，起到了改善交通运输环境、保障交通安全、提高资源利用率的作用。

1. 交通管理服务

目前，国内很多城市的交通拥堵情况很严重，一些十字路口的红绿灯配时其实并不是最优的，系统通过对车辆的精确感知检测，可以精准掌握路口各个方向车辆的数量、流量和密度，从而为路口的最优配时提供准确依据，缓解交通拥堵状况。

2. 出行服务

室内停车场应用图像识别技术实现车位检测的情况较多，但是很多车的检测都是基于车牌，有车牌就可以检测出来，没车牌就检测不出来。而最新的基于深度学习的车辆检测系统，只需看到车辆的轮廓，不必看车牌，只要看起来像车的物体都可以被检测出来，且精度很高。并且现在计算机视觉技术可以模拟人的视觉感知，哪个地方有车停，哪个地方是空位，都可以直接检测出来并把数据发送给平台，发布到停车场引导系统显示屏上，如图 5-2 所示。

图 5-2　停车场引导系统显示屏

3. 规划与管理服务

通过监控视频可以分析车辆的行为（停车、逆行等），发现交通事故和交通拥堵时还能发出报警信息。智能交通体现在车辆违章抓拍方面的应用也非常广泛，且利用视频检测实现的非现场执法的种类越来越多，甚至连开车接打电话都可以识别抓拍，如图 5-3 所示，这些都得益于计算机视觉技术的快速发展。

图 5-3　车辆违章抓拍

5.1.4　智能交通的重点应用领域

智能交通作为人工智能技术的重要应用领域，正在深刻改变着人们的出行方式和城市交通管理模式。随着技术的不断发展和创新，智能交通已渗透到多个关键领域，为解决交通拥堵、提升出行效率、保障交通安全提供了全新的解决方案。以下是智能交通的 4 个重点应用领域，展现了人工智能如何赋能现代交通系统的转型升级。这些应用不仅优化了交通资源配置，也为未来智慧城市建设奠定了坚实基础。

1. 城市交通管理与规划

人工智能介入城市的交通管理与规划，首先是交通智能监控系统，对道路状况、车辆状况等数据进行实时监测和采集；其次是交通规划决策支持系统，利用人工智能技术抓取实时数据并整合民航、铁路、气象等数据进行处理、分析和预测，为交通运输的规划工作提供支撑；最后是交通管理系统，通过人工智能对道路情况做出预判，使用交通信号灯控制、可变车道控制、公交调度、车辆引导等手段，实现对交通状况的实时干预和管制。

交通智能监控系统是城市交通管理系统的五官，人工智能技术应用后，使得机器除了单纯采集数据外，还能对发生的情况做出识别和判断，直接向使用者预警或反馈结论，不再需要人力介入，提升了监测效率。例如，采用人工智能摄像头前，交通事故发生后，需要人员报警，交警到现场勘查，查看录像后才能确定事故责任情况。而采用人工智能摄像头后，机器能够直接记录并识别发生的事故，同时根据录像自动确认事故责任，通过识别车牌确认肇事者身份，在汽车刮擦等小事故处理的过程中将不再需要人工干预，能快速、准确地处理，有效减少因交通事故而造成的拥堵。

交通规划决策支持系统相当于交通系统的大脑。在该系统中，人工智能将由交通智能监管系统采集的车辆路况信息，结合人流量、天气等更多维度的数据进行分析，为交通管理部门的规划提供决策支持。城市交通超脑是交通规划决策支持系统的典型代表，如图 5-4 所示。例如，传统的公交路线规划需要使用大量人力进行调查和数据分析，人工智能技术应用后，能够综合分析公交站点的人流情况、车辆拥堵时间、拥堵路段等多方面数据，为相关部门的公交路线调整和站点设置提供支撑，提升公共交通系统的效率。另外，人工智能还可以结合铁路、航空、旅游网站等多方面的数据，预测群体出行行为。目前，百度地图已经可以提前两周预测某城市的出行人数规模。随着更多数据的收集和算法的完善，人工智能将更加准确地对出行人数、出行时间、出行路线等情况做出预测，帮助交通管理部门进行车辆的管理和调度。此外，人工智能还能根据驾驶员的历史驾驶数据，对驾驶员的驾驶习惯做出分析，为运输业企业提供用人参考。

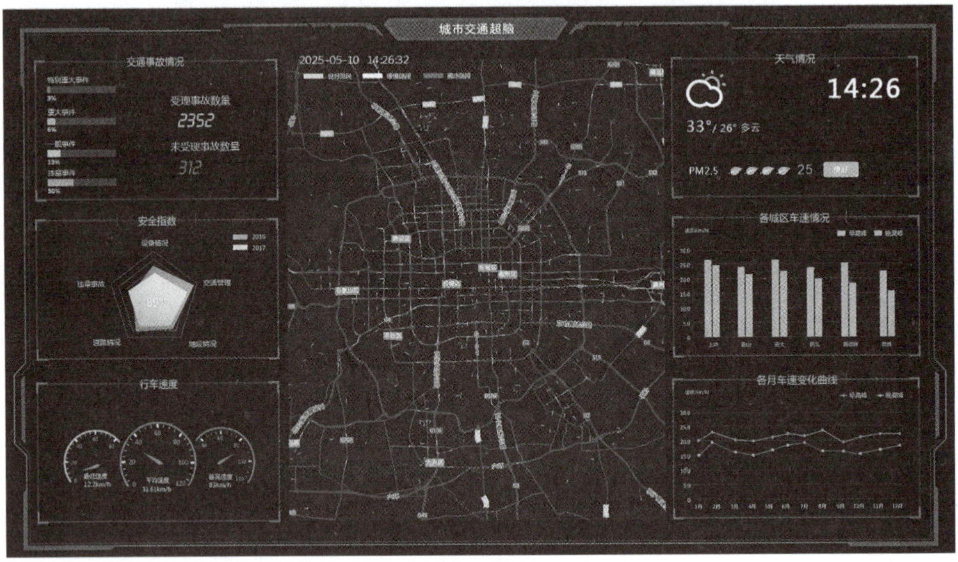

图 5-4　城市交通超脑

2. 高级辅助驾驶系统

目前的汽车高级辅助驾驶系统 (ADAS) 主要包括导航与实时交通系统、自适应巡航系统、车道偏移报警系统、车道保持系统、预碰撞安全系统等，可以智能判别汽车与周边环境的关系，实现自适应灯光控制、自动泊车、交通标志识别、盲点探测、驾驶员疲劳探测、下坡控制等功能。

其中，驾驶员疲劳探测技术是应用较为成熟的代表，其原理是将视觉识别技术应用在红外线摄像机上，记录驾驶员的眨眼次数或闭眼情况，再基于人工智能技术，对驾驶员的驾驶疲劳程度做出判断，一旦发现闭眼时间过长或眨眼过于频繁，将对驾驶员做出提醒。根据美国公路交通局的数据，17% 的致命交通事故都是疲劳驾驶造成的，驾驶员在疲劳时，事故发生的可能性会上升 4 ～ 6 倍。因此对疲劳驾驶的监测和预警能够有效降低事故发生率，保证汽车行驶安全。此外，车道偏移报警系统、交通标志识别系统、预碰撞安全系统等与疲劳探测系统类似，均使用视觉识别摄像头或者雷达等其他传感器，将物理世界的图像数据结构化，再对数据进行分析，向驾驶员做出相应的提醒和危险预警。

自适应巡航控制系统、自适应灯光控制系统、自动泊车系统、下坡控制系统等则在对路面和周围情况进行分析判断后，自动完成车辆控制，保证驾驶的安全。沃尔沃公司在 2014 年便推出了带辅助转向功能的自适应巡航控制系统，如图 5-5 所示。该系统利用摄像头和雷达监测前车的行驶数据和情况，进而自动对车速甚至方向进行调节，确保车辆能安全平稳行驶。自适应巡航控制系统是无人驾驶汽车的雏形，目前已在多款常用车型上应用。

图 5-5　带辅助转向功能的自适应巡航控制系统

导航与实时交通系统可以让汽车根据同步到的实时路况信息，为驾驶员规划最合理的路线，并且根据实时的路况变化对路线进行调整，该系统的功能基于人工智能自动推理技术。

从 2015 年开始，吉利博瑞、大众斯柯达、东风蓝鸟等 20 万元级别的中端车开始装载 ADAS。近年来，得益于传感器、计算芯片 (SoC) 规模化量产带来的成本持续下降，以及消费者安全需求的提升和法规推动，核心 ADAS 功能已迅速普及至大量主流甚至是入门级经济型新车。搭载 L2 级驾驶辅助功能的车型价格门槛大幅降低，市场渗透率显著提高。同时，更高级别的 L2+ 和 L2++ 功能正成为中高端车型竞争的焦点。

3. 无人驾驶

无人驾驶是热门研究领域，不仅各大汽车企业在该领域进行持续研发和多项投入，百度等科技巨头研发的无人驾驶汽车也纷纷上路测试。据电气和电子工程师协会 (IEEE) 乐观估计，到 2040 年，无人驾驶汽车将达到汽车总数的 75%。与 ADAS 不同，无人驾驶的使命不再是单纯的预警或辅助驾驶，而是彻底取代驾驶员的工作，完全由机器完成汽车的驾驶。

无人驾驶技术涉及的领域包括芯片、软件算法、高清地图、安全控制等。目前，与无人驾驶相关的商业产品有无人驾驶出租车、无人驾驶卡车、无人巴士和无人驾驶送货车等。

(1) 无人驾驶出租车。无人驾驶出租车因为其更高的安全性，被很多汽车服务企业关注。2022 年，重庆、武汉发放全无人驾驶牌照，百度萝卜快跑在长沙实现盈利；2023 年，上海开放“车内无安全员”测试，推动真无人运营。

(2) 无人驾驶卡车。无人驾驶卡车能有效降低驾驶员因长时间、长距离疲惫驾驶而导致的安全事故。2016 年 11 月，中国福田汽车联合百度在上海发布了国内首款无人驾驶卡车。2020 年 3 月 27 日，图森未来宣布与汽车供应商采埃孚建立全面的合作伙伴关系，进一步推动无人驾驶卡车的技术研发和商业化落地。2021 年 8 月图森未来与唐山港集团签署战略合作协议，2022 年完成全球首次纯电无人集卡大规模商业化运营；2023 年，嬴彻科技联合东风商用车，干线物流自动驾驶里程突破百万公里。

(3) 无人驾驶巴士。无人驾驶巴士作为一种创新的公共交通解决方案，凭借其固定的行驶路径和停靠站点，正在为城市出行带来革命性变化。目前，我国多个城市已开展无人巴士的试点运营，取得了显著成效。其中，深圳坪山云巴项目作为国内首个商业化运营的无人驾驶胶轮有轨电车系统，自 2023 年 3 月 18 日开通以来表现亮眼。该项目线路全长 8.7km，高峰时段发车间隔仅 3 分钟。采用 GoA4 级全自动运行系统，最高时速可达 70km。运营数据显示，该系统日均客流达 1.2 万人次，占区域公交出行量的 23%，准点率高达 99.3%，系统可靠性达到 99.98%。

北京亦庄示范区于 2023 年 5 月投入 6 辆 L4 级无人驾驶小巴士，打造智能网联汽车示范区。这条 6.5km 的环线串联了区内主要产业园区和交通枢纽，全线配备 5G+V2X 路侧设备，实现车路云协同。通过手机 App 预约，乘客可享受“门到门”接驳服务。该线路日均服务乘客超 800 人次，平均等候时间不足 5 分钟，并能在雾霾、雨雪等极端天气下持续运营。其创新的“需求响应式”服务模式可根据乘客需求动态调整行驶路线，进一步提升了服务品质。

(4) 无人驾驶送货车。货物运输的“最后一公里”一直是物流行业的瓶颈，而无人驾驶送货车凭借其全天候运行能力，显著提升了配送效率和可靠性。目前，国内多家企业已在该领域取得突破性进展。

美团无人配送网络于 2021 年 4 月在北京顺义正式落地运营，其第四代无人配送车在技术上实现多项升级：可满足 90% 以上的外卖配送需求；续航里程达 120km，支持全天候不间断运营；货箱容积达 800L，适配多种配送场景。2023 年数据显示，北京顺义区已建成全球最大无人配送示范区，部署车辆超 200 台，单车日均配送量达 530 单，在“618”大促期间峰值突破 720 单 / 车。此外，配送准时率高达 99.6%，客户投诉率较人工配送降低 42%，充分展现了无人配送的高效与稳定。美国新一代无人配送车如图 5-6 所示。

京东智能物流园区也在无人配送领域取得显著成果。2023 年 4 月，上海亚洲一号智慧园区正式启用，实现全流程无人化运营。该园区部署 50 台 L4 级无人配送车，构建高效末端配送网络，并配备全自动分拣系统，处理能力达 20 万件 / 小时。智能调度中枢可实时优化订单、车辆和路径，使分拣效率提升 3 倍，错分率降至 0.01% 以下。运营数据显示，该模式可降低 60% 人力成本，减少 35% 能耗，日均处理包裹 15 万件，峰值处理能力达 25 万件 / 天，为智慧物流提供了标杆案例。

图 5-6　美团新一代自主研发无人配送车

4. 车内服务

汽车企业将人工智能应用在车内服务和自主性服务等环节。如科大讯飞的“飞鱼 2.0”车载系统将语音识别技术应用于车内的交互控制环节，能识别驾驶员的语音命令完成控制，使驾驶员不再需要手动控制车内操作面板，可以专注于驾驶动作。“飞鱼 2.0”车载系统在内容端集成了音乐、新闻、电台等资源，根据用户习惯、需求，结合使用场景，使用决策算法，自动为驾驶员播放音乐或广播节目，如图 5-7 所示。“出门问问”公司也瞄准了汽车市场，其开发的智能车载语言助手“开车问问”，可直接通过语音操控手机打电话、发短信、导航、查路况、查周边设施。语音识别的应用，让车内操控更便利。汽车的自主性服务将给司机和乘客提供更加舒适的体验。

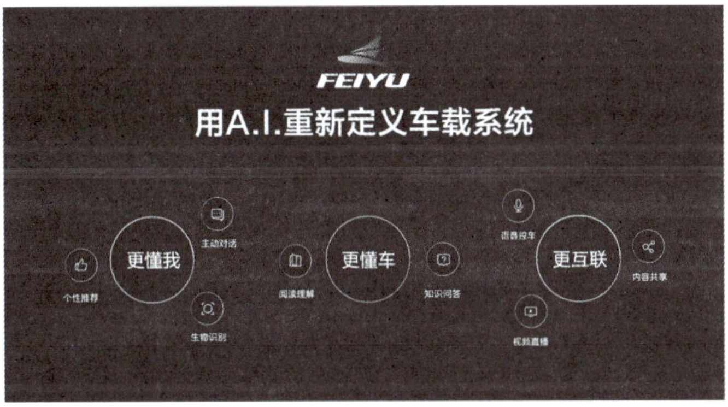

图 5-7　“飞鱼 2.0”车载系统

车内服务还将有更大的想象空间。设想无人驾驶技术成熟后，一方面，驾驶员的双手能够从驾驶中解放出来，汽车设计不再以驾驶员驾驶操作体验为中心，车内空间的布局、车内功能都可能随之改变。加入娱乐设施，汽车将成为“移动娱乐空间”，加入办公设备，也可以成为“移动办公空间”，对应的车内服务将有更多的内容。另一方面，汽车还将与本地生活服务相连接，汽车可以自动帮助车主提供选择附近的餐厅、预约保养、寻找加油站等服务，成为周边生活服务的重要入口。

拓展阅读 5-1

智慧交通建设开启“加速度”

5.2 智慧旅游

故宫博物院举办的“融古烁今、无界未来”数字故宫发布会，向公众展示了“数字故宫”建设的一系列成果。其中，由腾讯地图、腾讯云小微与故宫博物院联合打造的“玩转故宫”微信小程序2.0版本，在原有核心功能基础上，增加了AI导览助手、精选发现、点位收藏等服务功能，并结合故宫资源推出祥瑞打卡、明信片、特色路线推荐等个性化服务功能，让游客以创新的互联网方式领略故宫不一样的内涵，也将为游客持续带来更智慧、更人性化的导览服务。

5.2.1 智慧旅游的概念

智慧旅游又称智能旅游，是智慧城市建设的重要组成部分，智慧旅游的某些功能可以依靠智慧城市已有的成果来实现。但是，智慧旅游又不仅仅发生在城市，它的概念比智慧城市更广泛。目前，我国对智慧旅游的研究尚处于初始阶段，未形成标准的定义。有专家指出，智慧旅游就是利用云计算、物联网等技术，通过互联网、移动互联网，借助便携的终端上网设备，主动感知旅游资源、经济、特色活动等方面的信息并及时发布，让人们能够及时了解这些信息，及时安排和调整工作与旅游计划，从而达到对各类旅游信息智能感知、方便利用的效果，通过便利的手段获得更加优质的服务。

5.2.2 智慧旅游的发展历程

2008年，IBM公司提出“智慧地球”概念，这是一个使用先进技术改善商业运作和公共服务的愿景，其核心是以一种更智慧的方式利用新一代信息技术改变政府、公司和人们之间的交互方式，以便提高交互的明确性、效率、灵活性和响应速度。“智慧地球”概念的提出带动了建设“智慧城市”的风潮。IBM公司提出的“智慧城市”的目标是“灵活、便捷、安全、更有吸引力、广泛参与合作、生活质量更高”，并且从医疗、食品、交通、电力、城市规划、城市应急系统等方面提出解决方案。我国南京、成都、杭州、上海、深圳等城市都启动了智慧城市建设。在此基础上，“智慧旅游”应运而生。随着旅游信息化程度的加深和智慧城市的不断建设，智慧旅游逐渐成为我国旅游研究中的热点问题。

2008年，国务院提出把旅游业培育成国民经济的战略性支柱产业和人民群众更加满意的现代服务业的目标。为了实现该目标，加强旅游信息化建设是必不可少的手段。我国旅游信息化的发展可以分为3个阶段。第一阶段，专业化阶段，主要是建立网站、数据库，强调有组织地规划和设计，统一管理基础数据和专题数据。第二阶段，数字化阶段，主要是建立数字旅游和数字景区，实现集成共享和分布式异构数据集成管理，建立共享和服务机制，构建城市性、区域性空间信息基础设施。第三阶段，智能化阶段，即智慧旅游阶段，主要是建立智慧景区，以更加精细和动态的方式管理旅游景区，强调智慧应用，以面向应用、面向用户和面向整个旅游产业升级为目标，将新一代 IT 技术充分运用到旅游产业链的各个环节中，实现旅游全过程的智慧状态。

目前，我国已有数百个景区步入了智慧景区行列。

(1) 甘肃冶力关景区——适老化智慧旅游的典范。甘肃冶力关景区在 2024 年成功入选全国智慧旅游适老化典型案例。该景区通过 AI、文旅大模型、5G、云和物联网等技术，实现了线上线下服务的深度融合。景区为老年人提供语音导览、电子地图等专项服务，解决了智能设备使用难题。同时，通过简化入园流程和设立服务点，确保老年人能够便捷、安全地游览。此外，景区还提供门票减免、餐饮优惠等福利，降低老年人的旅游成本，提升整体旅游体验。

(2) 黄山 AI 旅行助手——智慧赋能老年游客。黄山 AI 旅行助手通过智能语音交互和个性化推荐，为老年游客提供定制化的旅游服务。无论是路线规划、景点讲解还是应急求助，AI 助手都能迅速响应，满足老年游客的需求。这种智能化的服务模式不仅提升了游客的满意度，也为景区管理带来了更高的效率。

(3) 乌镇——全方位智慧旅游体验。乌镇作为智慧旅游的先行者，不断在硬件设施和智慧应用上进行创新。景区实现了 5G 信号全覆盖，并配备了智能环保公厕、智慧交通诱导系统和实时监控的“天眼”系统。在服务方面，乌镇推出了“刷脸识别”入园和智能停车服务，极大地提升了游客的便利性和游览体验。此外，通过数据可视化平台，景区能够实时监测游客流量和景区运营情况，为管理决策提供科学依据。

(4) 长隆一键智慧游——亲子游的智慧解决方案。长隆景区通过与高德地图合作，推出了一键智慧游服务，解决了亲子游中的诸多痛点。一键智慧游提供项目推荐、线上动态排队功能和一键导览服务，帮助游客合理规划行程，节省排队时间。特别是针对儿童身高限制推出的身高筛选功能，使得家长能够快速选择合适的游玩项目，提升了亲子游的幸福感。

5.2.3　智慧景区

在过去的十多年，移动终端的普及和网络连接速度的显著提升，彻底改变了人们理解、规划甚至谈论旅行的方式。随着人工智能 (AI) 技术的应用，在未来，旅游业将发生翻天覆地的变化。

1. 智慧购票

从目前来看，线上购票已成为一种主流的售票方式，许多平台也上线了网络预约购票系统。游客轻松一点即可购票取票，不仅减少了景区售票口的压力，也全面提升了游客的游览体验。线上售票可以有效缓解拥堵，保障游客出行安全，提升出游体验和质量。

此外，很多景区在售票大厅放置购票二维码，引导游客在线购票，这种方式也可以免去游客排队的烦恼。总之，当下景区购票方式越来越多样，如图 5-8 所示。

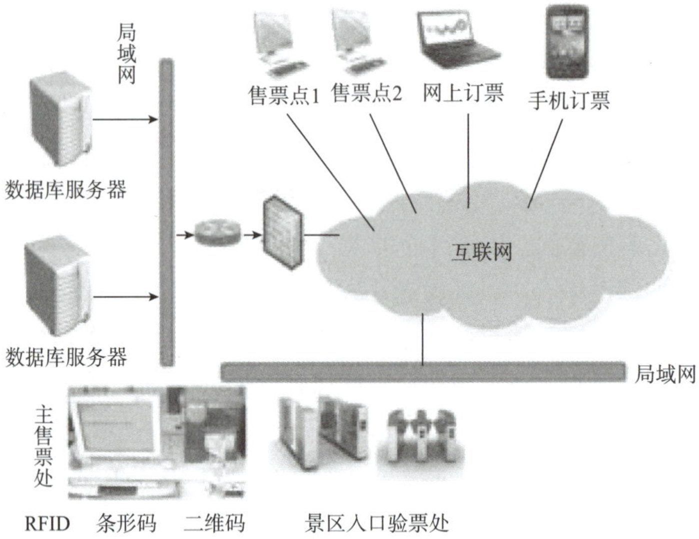

图 5-8　越来越多样的景区购票方式

2. 智慧游览

智慧景区建设的最终目的是提升景区智慧化程度，给游客带来更加舒适、便捷的旅游体验，增加景区收益。

(1) App 智慧导游和电子讲解。游客可以在游览景区的途中通过线上服务系统对应的 App 获取关于景区的精彩讲解，还可以在感兴趣景点的专区内上传文字、图片等信息。

(2) VR 文娱体验。在餐厅点餐时，游客能够体验到 5G+VR 点餐服务，在等待过程中可以通过 VR 观看美食视频，这一服务是通过 5G 网络结合超高清 8K 视频实现的，5G+VR 点餐场景如图 5-9 所示。

图 5-9　5G+VR 点餐场景

(3) 公共卫生间。利用物联网、大数据、云计算、5G 等新技术，可实现厕位检测、厕位导引、自助报警、氨臭检测、温湿度检测、人员流量估算、烟雾检测等诸多功能，为景区游客提供人性化服务。

(4) 智慧路灯。在无人控制的情况下，路灯可根据当前时间自动实现开启与关闭操作。在人流量小的时间段内，路灯可根据工作人员设置好的节能模式实现奇数灯亮、偶数灯亮、隔灯亮等多种节能方式。

(5) 公共垃圾桶。借助物联网等技术手段，垃圾桶也更加智能。当垃圾满溢时，设备向后台系统发出满溢警报，通知维护人员及时进行清运处理。还能够监测垃圾桶的倾斜情况，判断垃圾桶是否被其他人恶意翻倒。智慧景区的公共垃圾桶如图 5-10 所示。

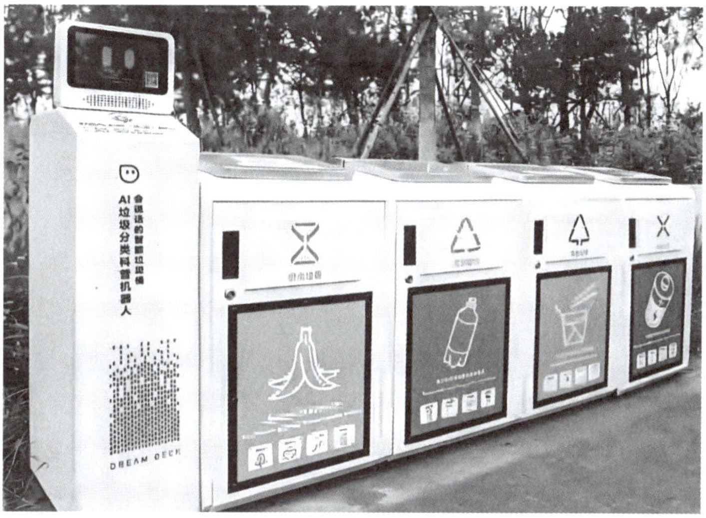

图 5-10　智慧景区的公共垃圾桶

3. 智慧停车

如今，自驾游已逐渐成为许多游客首选的出游方式。节假日期间，拥堵已经成为一大难题，景区停车更是难如登天。因此，加快建设景区智慧停车场是缓解停车难问题行之有效的方法。景区工作人员可以通过智慧停车场的智能车辆识别及管理系统、视频监控系统、远程广播系统，对进出停车场的车辆进行识别、收费及实时监控。同时，可以利用车牌自动识别算法，对车辆进行抓拍、号牌识别，实时准确记录车牌号码、颜色、车牌特征、入场时间等数据信息，确保车辆能无障碍出入停车场，最大限度缓解出入口车辆拥堵情况，降低景区工作人员的工作量和工作难度，提高停车场的运转效率。

5.2.4　智慧酒店

智慧酒店主要围绕交互智能化、场景人性化、体验个性化、数据信息化这 4 个方面打造。一个真正的智慧酒店系统应该是智能化及人性化的。智慧酒店系统的中心是人，而非系统和设备。一般来说，智慧酒店系统应涵盖以下 3 个方面。

(1) 基于大数据的自学系统。智慧酒店系统应该是一种可以根据用户的生活习惯、使用习惯而实现自我进化的系统，无论是酒店还是住客都可以根据自身需求，进行全智能化的设置和调控。

(2) 去中心化自动感应系统。很多人认为能通过手机、路由器、插座等设备进行控制的酒店就是智慧酒店，然而事实上，这并不能够让用户感受到真正的科技智能体验，因为它只是通过相关联的设备来实现酒店客房灯光、空调、窗帘、影音等设备的控制。真正的智慧酒店应该配有去中心化自动感应系统。

(3) 全智能化人工智能管家。真正的智慧酒店应该拥有全智能化人工智能管家，就像影片《钢铁侠》中的智能管家“贾维斯”，能和用户对话，并且知道用户的生活习惯。用户只需要提出要求，人工智能管家就能够为用户控制、切换酒店内的所有设备。虽然这样高度智能的人工智能管家现在还不存在，但不久的将来，这样的人工智能管家一定会面世。

5.2.5 智慧旅行社

1. 智能办理签证

现在，越来越多的人选择出境游，令中国旅游者感到最头疼的便是办理签证时遇到的各种问题，包括办理各国签证所需材料复杂、签证办理程序繁杂、智能化程度低，签证办理进度无法查询等。随着人工智能的发展，目前已实现了 OCR 识别、自助生成证件照、一键生成材料、在线填表和预审、实时进度追踪、材料复用等功能，使签证办理变得便捷化、可视化。用户使用在线旅游平台办理签证时，可以通过手机扫描护照或身份证，信息会自动被识别并填写到申请表上；可直接通过自拍功能拍摄签证照片，系统会自动调整并生成符合规定的照片；办理进度可通过手机客户端自助查看、实时追踪。对于再次办理签证的用户，可使用材料复用功能，无须准备重复材料，优先进入材料预审阶段。通过技术革新，用户在未来办理签证的手续不仅能进一步简化，在拒签、退款等环节上也将更有保障。

2. 智能定制旅游

消费升级带来游客需求品质化、个性化的改变，这对传统旅游产品的生产和供给方式提出了新的挑战。随着智能行程规划助手的出现，“智能定制旅游”层出不穷。“智能定制旅游”在决策一个完整旅行行程时，会根据用户需求，综合考虑基础的机票、酒店信息及推荐原则、城市顺序、天数安排、景点顺序、商品方案组合等，在多个百万级别的分类数据库的基础上制定出最优方案。

拓展阅读 5-2

智慧旅游为景区注入新活力

5.3 智能金融

随着居民财富的不断积累、大众理财意识的逐渐觉醒，人们对于理财的需求也日益强烈，但专业理财知识的匮乏使用户无法获得最适合的服务，理财用户对专业化理财顾问服务的需求逐渐凸显。通过技术拓宽理财服务边界、降低单一理财用户服务成本是解决传统理财顾问无法覆盖所有理财用户人群问题的有效手段。但是，受数据孤岛、技术发展等各方面因素的限制，目前专业化理财服务的供需矛盾是当前理财服务行业主要问题之一。有调研数据显示，理财用户对于专业化智能理财服务的需求度高达 79%，但实际上这一服务的覆盖率还不足 30%，且服务的质量也多数无法满足用户需求。百度金融在 AI Fintech 领域运用大数据与人工智能技术，在获取客户需求、风控和资金等方面与金融机构展开合作，服务更多理财用户，百度金融七大 AI Fintech 布局如图 5-11 所示。

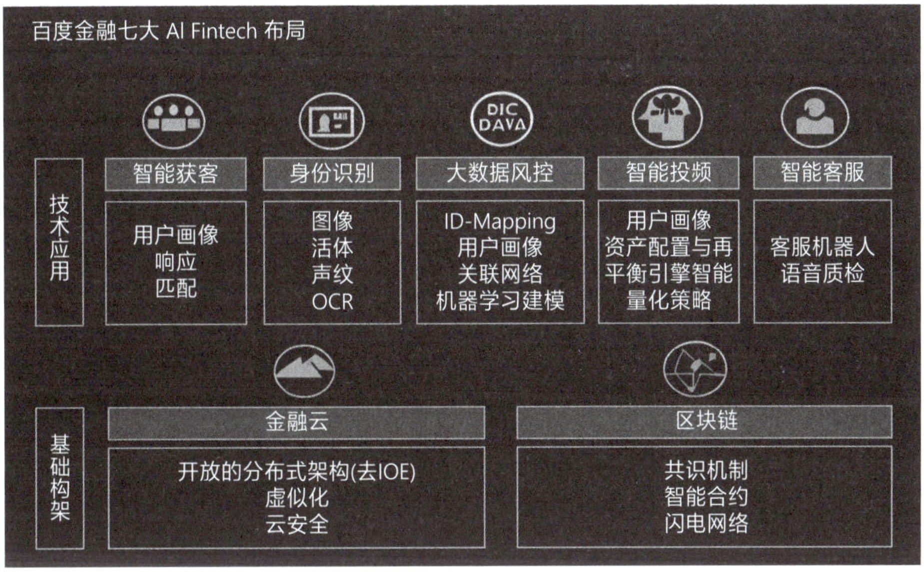

图 5-11 百度金融七大 AI Fintech 布局

5.3.1 智能金融的概念

人工智能 + 金融 (AI+Finance) 与金融科技在界定上存在明显不同。金融科技主要是指广义的新兴技术 (大数据、云计算、区块链、人工智能) 与金融业的结合。而人工智能 + 金融主要是指以人工智能核心技术 (机器学习、知识图谱、自然语言处理、计算机视觉) 作为主要驱动力，为金融行业的各参与主体、各业务环节赋能，突出 AI 技术对金融行业的产品创新、流程再造、服务升级的重要作用。

2019 年 12 月 22 日，《2019 中国智能金融发展报告》(以下简称《报告》) 在青岛发布，这是首个系统梳理并探讨我国智能金融发展问题的报告。《报告》指出，智能金融是指人工智能技术与金融业深度融合的新业态，是用机器替代和超越人类部分经营管理经验与能力的金融模式变革。智能金融是金融科技发展的高级形态，是在数字化基础上的升级与转型，代表着未来发展趋势，已成为金融业的核心竞争力。

2023 年，中国人民银行等五部委联合发布《关于推进智能金融高质量发展的实施意见》，明确提出构建“算法驱动、数据赋能”的智能金融生态体系，要求金融机构在 2025 年前实现 AI 技术在风控、投研、客户服务等核心场景的全覆盖。

2024 年国务院印发《新一代人工智能发展规划 (2025—2030 年)》，将智能金融列为国家重点发展方向，强调深度学习、知识图谱等技术在金融监管科技 (RegTech) 中的应用。

2025 年 1 月 7 日，中国人民银行金融科技委员会发布《智能金融发展三年行动纲要》，首次将“AI 原生金融基础设施”列为国家战略，明确要求 2027 年前建成支持联邦学习的金融数据要素流通平台。2025 年 6 月，国际标准化组织 (ISO) 发布《智能金融系统安全指南》，中国主导制定的“AI 信贷评估技术标准”被采纳为国际规范。

拓展阅读 5-3

《中国智能金融发展报告(2023/2024)》发布

5.3.2 智能金融的发展历程

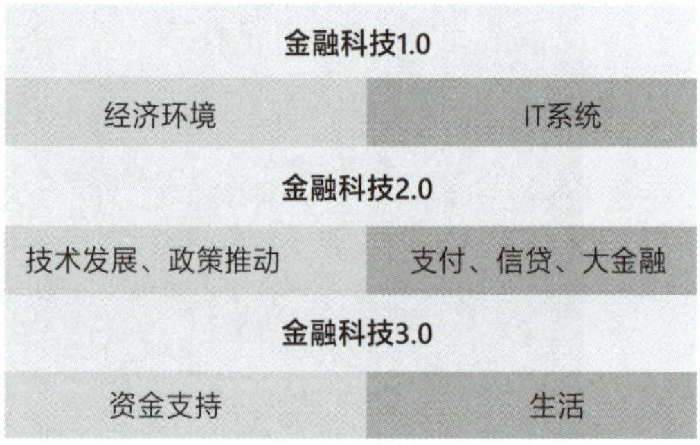

图 5-12　金融科技发展历程

回顾人类的金融发展史，科技创新与金融创新始终紧密相连。金属冶炼技术的发展让金属货币取代了实物货币，造纸术和印刷术的成熟让纸币逐渐流通。进入信息社会以来，运算速度及新技术的出现速度不断加快，现代金融体系伴随信息技术共同迎来指数级的增长。金融科技发展历程如图 5-12 所示。

纵观半个多世纪以来的金融行业发展历史，每一次技术升级与商业模式变革都依赖科技赋能与理念创新的有力支撑。不同阶段的金融相关技术如图 5-13 所示，按照金融科技发展历程中不同时期的代表性技术与核心商业要素特点划分，可分为“IT+ 金融”阶段、“互联网 + 金融”阶段、“新科技 + 金融”阶段。各阶段相互叠加影响，形成融合上升的创新格局。

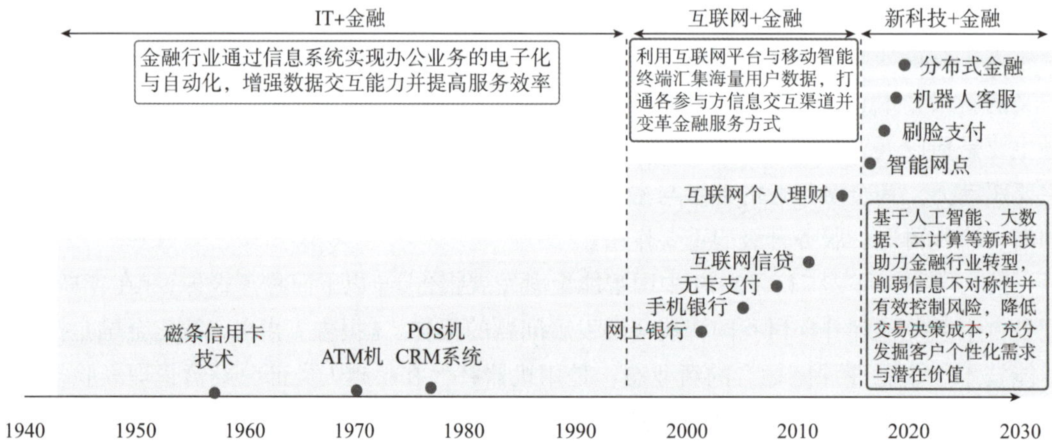

图 5-13　不同阶段的金融相关技术

1. “IT+ 金融”阶段

随着互联网及数字技术的出现，传统金融机构受提高工作效率等需求推动，开始通过传统 IT 软硬件实现办公自动化、电子化，增强数据交互能力并提高服务效率。ATM 机、POS 机、CRM 系统等都是该阶段具有代表性的技术产品。

2. “互联网 + 金融”阶段

随着第三方移动支付崭露头角，科技终于真正渗透到了金融领域最核心的业务，成为部分金融机构创收的重要因素。金融行业利用互联网平台与移动智能终端，汇集海量用户数据，打通各参与方信息交互渠道并变革金融服务方式。网上银行、手机银行、无卡支付、互联网信贷、互联网个人理财等都是该阶段具有代表性的技术产品。

3. “新科技 + 金融”阶段

随着大数据、云计算、人工智能等技术的快速发展，金融行业对新科技的理解愈加深入，技术输出型金融科技企业的价值快速上升。互联网金融企业的科技属性增强，不仅将金融科技深度应用于获取客户需求、风控、贷后管理、客户服务等环节，部分公司也开始探索纯技术。基于人工智能、大数据、云计算等的新科技助力金融行业转型，削弱信息不对称性并有效控制风险，降低交易决策成本，充分发掘客户个性化需求与潜在价值。刷脸支付、机器人客服、分布式金融等都是该阶段具有代表性的技术。

如今，我们正处于“新科技 + 金融”的发展阶段，是在 IT 信息系统稳定可靠、互联网发展环境较为成熟的基础之上，对金融产业链布局与商业逻辑本质进行重塑。新科技对于金融行业的改变明显高于以往任何阶段，并对金融行业的未来发展方向产生深远影响。

5.3.3 智能金融的主要应用场景

AI 技术赋能金融领域，主要包括智能风控、智能投顾、智能投研、智能支付、智能营销和智能客服等场景，如图 5-14 所示。

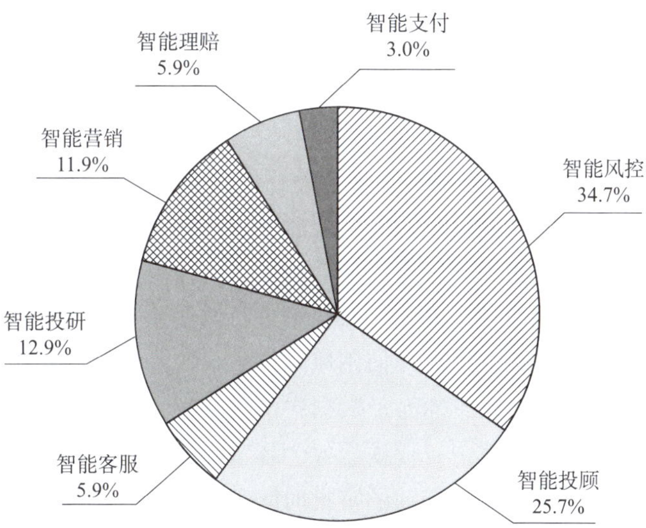

图 5-14 AI 技术赋能金融领域的主要场景

1. 智能投研

当前，中国资产管理市场规模已超过 150 万亿元，发展前景广阔，但同时也对投资研究、资产管理等金融服务的效率与质量提出了较高要求。智能投研（投资研究）以数据为基础、算法逻辑为核心，利用人工智能技术由机器完成投资信息获取、数据处理、量化分析、研究报告撰写及风险提示，辅助金融分析师、投资人、基金经理等专业人员进行投资研究。智能投研能够构建百万级别的研究报告知识图谱体系，革除传统投研流程中数据获取不及时、研究稳定性差、报告呈现时间长等弊端，扩大信息渠道并提升知识提取及分析效率，在文本报告、资产管理、信息搜索等细分领域形成广泛应用。智能投研的终极目标是实现从信息搜集到报告产出的投研全流程整合管理，基于更加高效优化的算法模型与行业认知水平，形成横跨不同金融细分领域的研究体系与咨询建议，并在金融产品创新设计方面提供服务支撑。

2. 智能营销

营销是金融业保持长期发展并不断提升自身实力的基石，因此营销环节对于整个金融行业的发展来说至关重要。传统的金融营销主要是以实体网点、电话推销、短信推销、地推沙龙等方式将金融相关产品销售给潜在客户，这些营销方式较难精准把握市场需求，容易使客户产生抵触情绪。同时，这些营销方式将标准化的产品以群发的方式进行推送，无法满足不同人群的需要。智能营销借助人工智能等新技术，通过收集客户交易、消费、网络浏览等行为数据，利用深度学习相关算法进行模型构建，实现金融机构与渠道、人员、产品、客户等环节的联通，从而可以覆盖更多的客户群体，为客户提供千人千面、个性化与精准化的营销服务。智能营销已经为金融企业降低了经营成本，提升了整体效益，但未来仍需持续做好控制推送渠道、适度减少推送频率、进一步优化营销体验等方面。2020 年科大讯飞智能营销平台升级为“全链路数字营销服务平台”，联合生态伙伴，打造全链路整合营销闭环。目前，该平台服务的客户涵盖电商、快消、金融、汽车等行业。

3. 智能风控

风险作为金融行业的固有特性，与金融业务相伴而生，风控（风险防控）是金融机构面临的核心问题。智能风控主要得益于以人工智能为代表的新兴技术近年来的快速发展，在信贷、反欺诈、异常交易监测等领域得到广泛应用。与传统的风控手段相比，智能风控改变了过去的被动式管理模式，转向以依托新技术进行监测预警的主动式管理方式。以信贷业务为例，传统信贷流程中存在欺诈和信用风险、申请流程烦琐、审批时间长等问题，运用人工智能相关技术，可以从多维的海量数据中深度挖掘关键信息，找出借款人与其他实体之间的关联，从贷款前、贷款中、贷款后各个环节提升风险识别的精准程度，为金融机构节省人工成本。同时可以使小额贷款的审批时间从过去的几天缩短至 3 ～ 5 分钟，进一步提升客户体验。

4. 智能投顾

智能投顾（投资顾问）的应用场景主要有个人理财产品策略咨询、股票配置、基金配置、债权配置、交易执行及投资损失避税等。智能投顾的概念始于 2010 年兴起的机器人投

顾 (Robot-Advisor) 技术，2014 年进入中国市场后，经历技术的不断升级与服务模式的逐步创新，渐渐被市场和公众熟知并接受。2016 年底招商银行的摩羯智投诞生，成为中国银行业首个智能投顾系统。随后，更多的智能投顾产品相继落地。智能投顾按照投资期限、风险偏好、回报预期等维度，运用人工智能相关技术形成个性化的资产配置方案，同时辅以营销咨询、资讯推送等增值服务，相较于传统理财管理费率普遍降低 80%，将投资理财门槛由百万元以上降低至 1 万元左右。智能投顾在应用落地过程中不仅需要良好的算法平台与技术体系作支撑，更需要对大量行业与用户行为数据进行收集处理。国内互联网科技领域的知名企业与金融机构分别在技术端和数据端发力，结合各自优势推出符合中国客户需求的个性化产品。

5. 智能客服

银行、保险、互联网金融等领域的售前电销、售后客户咨询及反馈服务的频次较高，对呼叫中心的效率、质量把控及数据安全提出了严格要求。智能客服系统基于大规模知识管理系统，面向金融行业构建企业级的客户接待、管理及服务智能化解决方案，如图 5-15 所示。在与客户的问答交互过程中，智能客服系统可以实现“应用—数据—训练”闭环，形成流程指引与问题决策方案，并通过运维服务层以文本、语音及机器人反馈动作等方式向客户传递。此外，智能客服系统还可以针对客户提问进行统计，对相关内容进行信息抽取、业务分类及情感分析，了解服务动向并把握客户需求，为企业的舆情监控及业务分析提供支撑。据统计，目前金融领域的智能客服系统渗透率已超过 30%，可以解决 85% 以上的客户常见问题，针对高频次、高重复率问题的解答优势更加明显，能有效缓解企业运营压力并帮助企业合理控制成本。

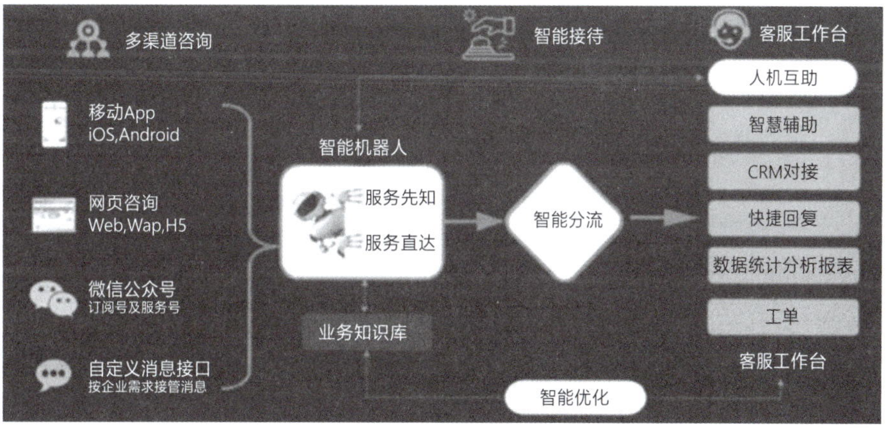

图 5-15　智能客服系统

6. 智能理赔

传统的理赔过程往往需要经过多道人工流程才能完成，既耗费大量时间，又需要投入许多成本。智能理赔利用人工智能等相关技术代替传统的劳动密集型作业方式，能明显简化理赔处理过程。以车险智能理赔为例，它通过综合运用声纹识别、图像识别、机器学习等核心技术，经过快速核验身份、精准识别、一键定损、自动定价、科学推荐、智能支付6个主要环节实现车险理赔的快速处理，克服了以往理赔过程中出现的欺诈骗保、理赔时间长、赔付纠纷多等问题。根据统计，智能理赔可以为整个车险行业带来40%以上的运营效能提升，减少查勘定损人员50%的工作量，将理赔时间从过去的3天缩短至30分钟，明显提升用户满意度。

7. 智能支付

在海量消费数据累积与多元化消费场景的叠加影响下，手环支付、扫码支付、NFC支付等传统数字化支付手段已无法满足现实消费需求，以人脸识别、指纹识别、虹膜识别、声纹识别等生物识别技术为主要手段的智能支付逐渐兴起，智能支付场景如图5-16所示。智能支付作为承载线上和线下服务的有效连接，能够结合智能终端、物联网及数据中心，将结算支付、会员权益、场景服务等功能多角度呈现给消费者，同时可以将支付数据与消费行为及时反馈至后台，为商户进行账目核对、会员营销管理、经营数据分析等工作提供支持。未来，以无感支付为代表的新型技术将提供无停顿、无操作的支付体验，全面应用于停车收费、超市购物、休闲娱乐等生活场景。

图5-16 智能支付场景

5.3.4 智能金融行业图谱

中国金融科技行业的参与企业按各自业务侧重点不同，可以分为3类。

(1) 金融业务方。这类企业主要指持牌开展金融业务的银行、证券公司、保险公司等金融机构。

(2) 技术提供方。这类企业主要指专注研发人工智能、大数据、云计算等前沿科技底层技术的科技研发公司，如阿里云、科大讯飞等。

(3) 金融科技解决方案提供方。这类企业主要指将前沿科技与金融业务相结合，为金融机构提供可落地的业务解决方案的科技公司，如平安普惠、同花顺、支付宝、京东金融等。

中国金融科技行业的部分企业如图 5-17 所示。

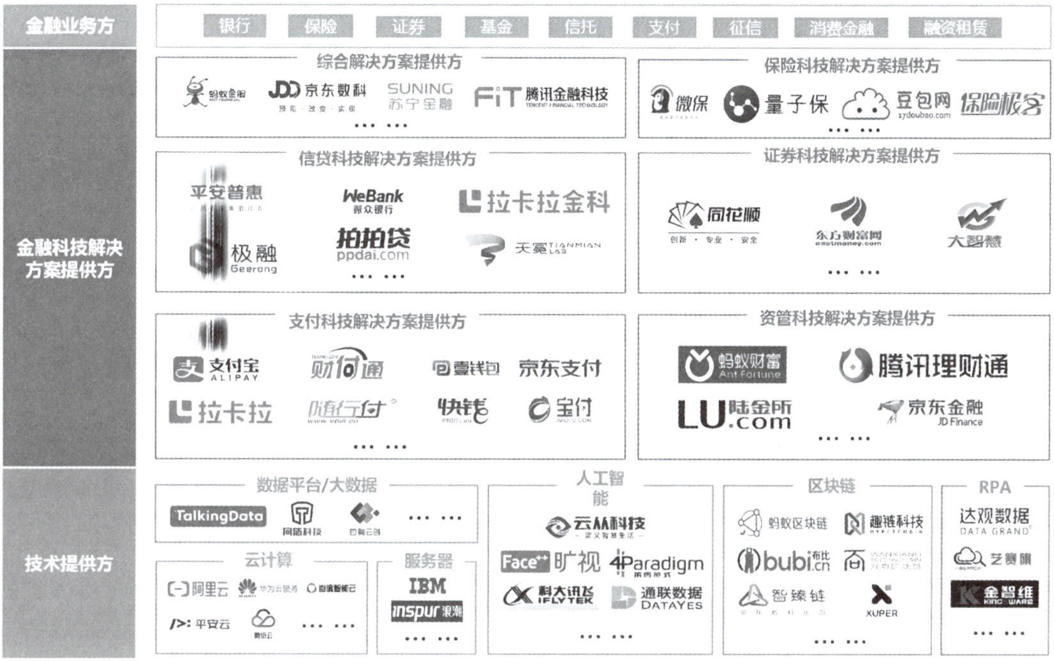

图 5-17　中国金融科技行业的部分企业

目前，这 3 类企业的边界正变得越来越模糊。技术提供方正努力补齐金融业务能力的短板，为金融机构提供从单一技术到整体业务的科技升级服务；金融科技解决方案提供方一方面在加强前沿科技的研发，另一方面，在申请金融牌照、金融业务与技术提供方面发力；金融业务方正加大前沿科技的研发投入，部分头部金融机构已经开展面向同行业的技术输出服务。

拓展阅读 5-4

智能投资顾问：股市有风险，人工智能来帮忙

5.4　智慧零售

自 2020 年开始，外卖、网购、在线教育、远程办公等非接触模式成为民众普遍选择的消费、生活、办公方式。微信作为用户最常使用的社交平台之一，腾讯智慧零售小程序也正在成为人们的购物平台。腾讯智慧零售小程序主要分为 3 个板块：极速到家、大牌好店和云逛街。它们分别对应生鲜商品、品牌商品和一些店铺发布的促销、打折、上新信息。知名智慧零售企业图谱如图 5-18 所示。

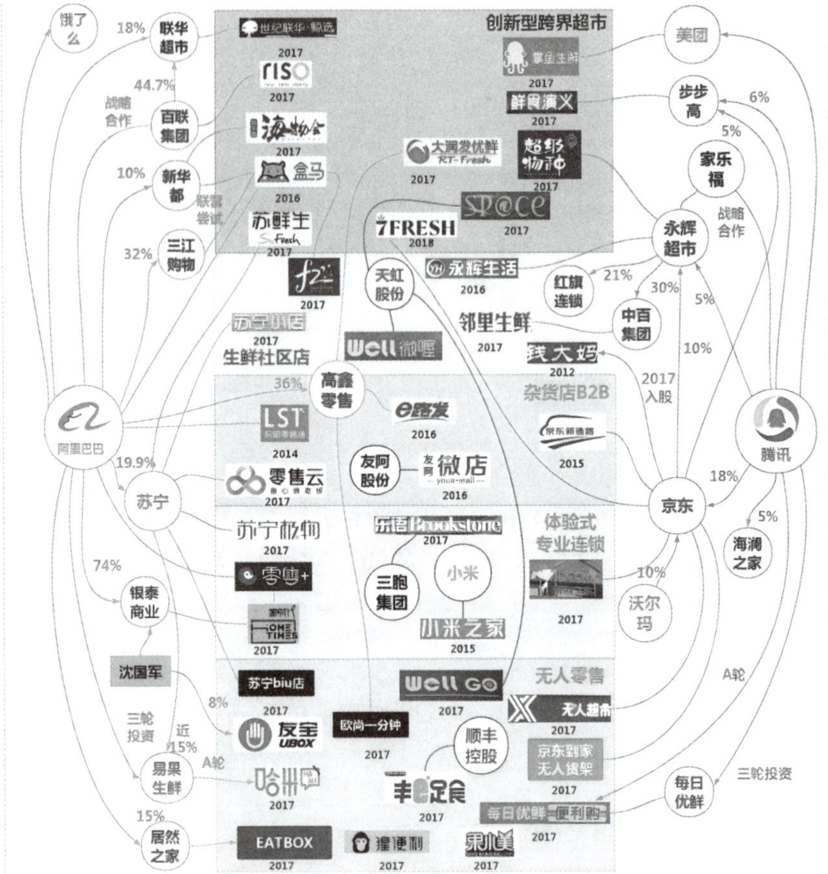

图 5-18　知名智能零售企业图谱

5.4.1　智慧零售的概念

随着大数据和人工智能等智能科技的发展、普及与应用，数字科技与实体商业逐步融合。消费行为、库存信息、供应链等信息均能以数字化形式被记录在信息系统中，从而驱动产品研发和供应链优化，实现对消费群体的精准营销，让消费者从数以万计的商品信息中找到需要的商品信息。AR、VR、MR 等技术能打破虚拟与现实的边界，增强消费者的沉浸感，提升消费者体验。实体零售业必然与数字科技融合，走向智慧零售，提升消费者的购物全流程体验。例如，通过机器视觉技术、卷积神经网络技术、RFID 技术等提高对线下顾客的数据采集能力，包括对消费者数据、行为变化和消费场景等数据的采集，以实现线上与线下双向流量的多维数字化。

那什么是智慧零售？智慧零售是以消费者为中心的零售活动的生态化，将生产设计、物流仓储、集中采购、场景售卖、服务活动、经营管理、资金流转等环节都逐渐融入数据化和智能化平台，最终实现零售商效益优化和消费者体验优化，实现万物互联智能决策的自主商业。2024 年 6 月 5 日，亚马逊宣布将在 2025 年年初推出新一代人工智能驱动的线下零售商店 AmazonGo X，该版本将整合生成式 AI 和无人驾驶配送技术，进一步颠覆传统购物体验。目前亚马逊已在全球开设超过 40 家 AmazonGo 门店，最新技术可实现“无感支付”和个性化商品推荐，刷新了零售行业的智能化标准。AmazonGo X 的场景如图 5-19 所示。

图 5-19　线下零售商店 AmazonGo 的场景

5.4.2　智慧零售的发展历程

智慧零售的发展历程可分为 3 个阶段：雏形期、成长期和成熟期。

(1) 雏形期。以传统企业的数字化转型为主。零售企业利用 ERP 等信息系统收集和整合企业内部数据。企业以计分板的形式看到自己所需要的数据，并且展现出决策者最为关注的运营要素——关键绩效指标，包括渠道销售额、用户信息、生产成本、原料采购、管理费等。该阶段企业管理以经营者为中心。

(2) 成长期。该阶段零售商不再单纯追求利润和销售额的增长，而是将重点转为以消费者为中心，围绕消费者核心诉求进行智慧化升级改良，在提升消费体验、升级消费者管理、增加消费者黏性和忠诚度等方面，均做出不同的尝试。与此同时，品牌商专注于沿价值链进行前端到后端的智慧化转型，从研发、生产、供应、渠道、营销和终端管理等方面，实现了整体价值的提升。该阶段人机协同，部分业务开始实现智能化和网络化。零售决策者的思维开始从“发生了什么”向“为什么发生”转变，通过各种商业智能系统和大数据分析软件，整合价值链各环节的数据，如上游供应商数据、企业内部数据、下游经销商数据和零售网点数据，分析数据背后的含义，用以指导商业决策、提升运营效率。

(3) 成熟期。在人工智能、大数据、AR、物联网等新技术和新模式的双重驱动下对“人、货、场”三要素进行重塑。该阶段通过“数据 + 算法”，围绕业务场景进行全渠道、数字化、场景化改造，使实体零售实现降本提能，实现从生产端到最终销售端的全面提升改善。前沿科技的应用为智慧零售开启了服务模式提升的空间，大批新技术进入应用爆发期，零售产业的各个环节与科技不断融合与应用，加速了零售在采购、生产、供应链、销售、服务等方面运营效率的提高。在此阶段，技术从 3 方面赋能零售行业。

① 计算机视觉与各种传感器的广泛应用提供了更多维度的数据采集手段，使数据来源扩充为直接相关与非直接相关的多维数据，能更精准地洞察消费者。

② 零售企业运用大数据和先进算法强化企业数据运用能力。在零售数据可视化的基础上，进行用户画像的数据挖掘，通过算法帮助企业在选址、定价、配置库存等方面实现优化及提升。

③ 无人客服、增强现实、语音识别、RFID、电子价签、人脸识别互动等零售科技登场，大批新技术进入应用爆发期，零售产业的各个环节与科技不断进行融合与应用，提升零售销售、服务等方面的运营效率及用户体验。

5.4.3 智慧定价、选品

智慧零售在零售和快销等行业中有一个典型的应用场景就是智慧选品和定价。所谓选品，就是通过数据分析，选出哪些商品或同一种商品的哪些型号，应该进货或值得生产。所谓定价，就是通过数据分析，决定每一件商品的最合适的出厂价格或零售价格。与此相关的衍生功能还包括监测竞品的价格波动，判断其是否有降价营销行为。要实现智慧定价和选品，需要基于大数据包含的商圈流量、商圈客流属性、人群兴趣变迁等数据及品牌、商户拥有的商品、销量、会员数量等数据建立机器学习模型，重新建立线下零售商消费场景，帮助线下零售商提供门店品类建议、单品建议，提供动态定价支持。智慧定价、选品流程如图 5-20 所示。

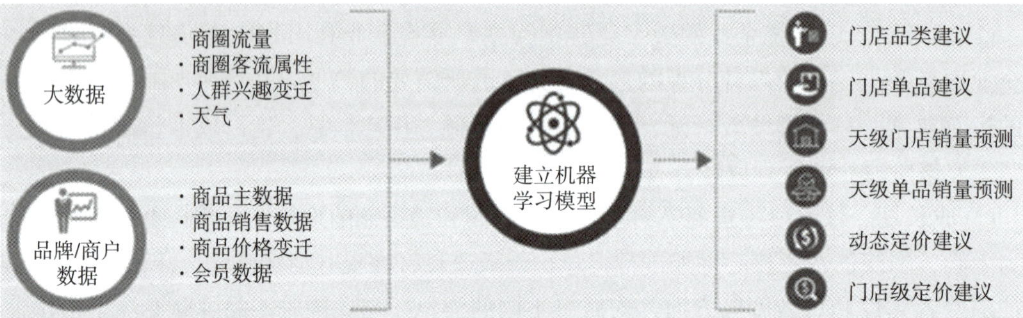

图 5-20　智能定价、选品流程

显然，通过计算机和大数据技术开展选品定价，对于生产商和零售商而言都是一件强有力的武器。计算机系统定期自动推荐进货商品和更新建议价格，可以帮助销售方对己方产品和市场竞品在功能、价格、销量情况等方面的情况有一个实时和全面的掌握，以便及时调整市场定价策略，使产品在市场上随时保持竞争优势。

5.4.4 智慧选址

智慧选址是指通过机器学习与建模，为新店选址提供决策。智慧选址的步骤是首先调研一段时期（一周、半个月、一个月）内不同时间段的人口热力分布，进行热力图打分，了解各店面人流综合值；然后对选定人群(按年龄、性别、收入、职业、支付偏好等划分)不同时间段客流热力图进行打分，划定目标区域；最后参照目标区域内现有门店数量及潜在客户所在区域，提供可以增开门店的区域建议。与传统开店选址方式相比，智慧选址更加科学，传统选址与智慧选址流程对比图如图 5-21 所示。

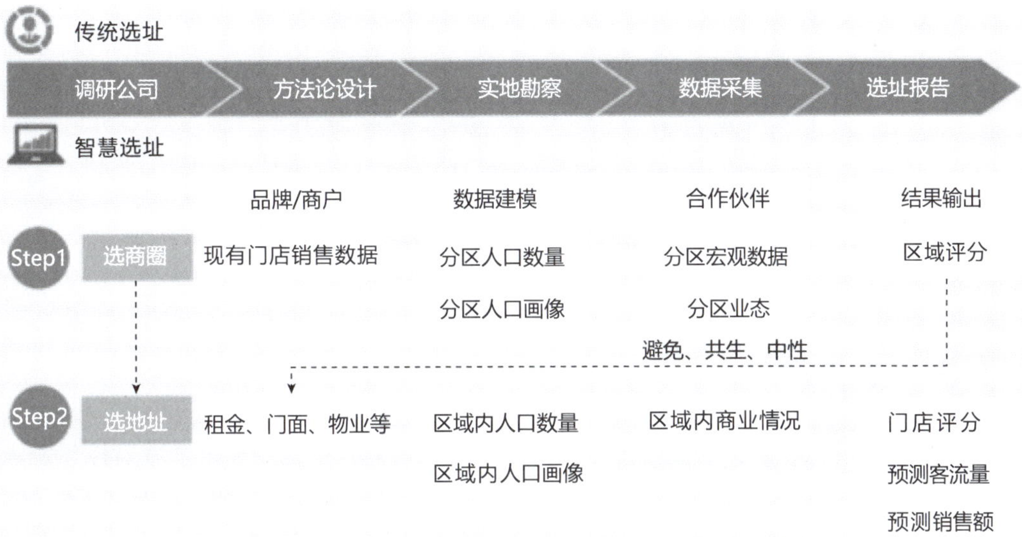

图 5-21　传统选址与智慧选址流程对比图

智慧选址更加科学，能根据区域内核心人群分析进行基于数据的选址决策，脱离单纯的主观经验判断。而且能对该区域内的人口属性、客户画像进行动态捕捉，实时更新。

5.4.5　智慧零售系统

拓展阅读 5–5

智慧零售精准服务消费者

智慧零售系统可实现 VIP 到店提醒、门店罗盘、动线分析、客群管理、店员管理、刷脸支付、人数预警和非法人员警告等功能，覆盖门店的各个环节。

智慧零售系统能通过顾客在商场内的移动轨迹，分析出其购物路径和对不同商品的关注程度，从而优化店铺排列，合理规划商场动线。智慧零售系统还能通过分析顾客在特定区域的停留时间，了解消费者的品牌喜好，从而优化场内布局并对不同销售位置进行评分。

5.5　智慧安防

世界上已经有许多国家和地区开始利用人工智能技术开展犯罪预防。美国奥兰多的奥兰治 (Orange County) 警局运用名为 PredPol 的智能软件技术，分析该辖区内的巡逻热点，PredPol 智能软件界面如图 5-22 所示。警力资源是有限的，漫无目的地巡逻往往是极其低效的，“人工智能”则能给出最优化的巡逻方案。

图 5-22　PredPol 智能软件界面

5.5.1　智慧安防的概念

智慧安防体系是基于泛在监控、泛在网络和泛在计算技术，能实现全域监控、智能预警、智能防范和高效应急救援等功能的综合实时安防体系。智慧安防体系具有如下特点。

(1) 能实现多点、多领域和多维度的监控及智能信息共享与调度。

(2) 能通过智能分析技术实时发现安全隐患并自主预警，实现智能预防。

(3) 能通过对消防、警力和医疗等多方资源的智能调度，实现高效应急救援。

智慧安防在广度上将碎片化的互异领域安防系统通过网络互联，达到全域监控目的，同时在技术深度上通过智能分析技术加大安防的监控力度，提升防护和救援效率，使人们无论何时、身在何处都能得到全方位的安全保障，是未来安防系统发展的终极目标。

5.5.2　智慧安防行业发展历程

几十年前，CCTV 监控摄像机的发展并未显著提高国人的安防意识。直到 1979 年，安防产品仍以探测、报警及实体防护为主，且多应用在博物馆及保密单位等高价值场所。随着中国安防产业格局初步形成，安防产品的应用领域逐步扩展到金融、房地产、运输服务等行业。进入 21 世纪，视频监控产品向数字化、高清化、网络化和智能化趋势发展，在应用层面上也开始向民用市场深耕。2012 年，AI 技术在安防市场上得到了大规模落地与应用，开始推动传统安防产业进化和革新。智慧安防行业发展历程如图 5-23 所示。

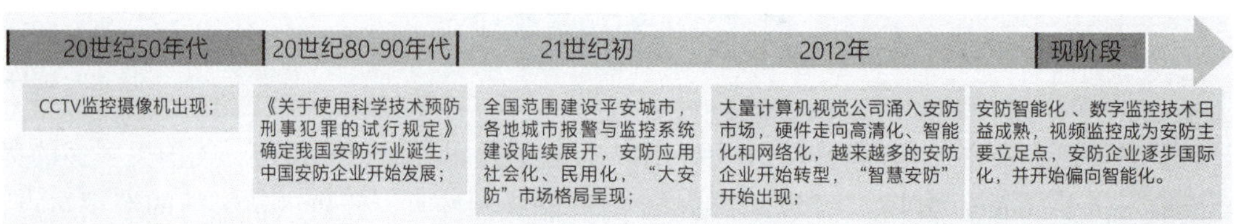

图 5-23　智慧安防行业发展历程

2009 年，AI 技术开始在多行业初步应用。其中，安防监控是 AI 技术最先大规模产生商业价值的领域，也成为许多 AI 技术研发公司抢占市场的切入点。从 2012 年开始，众多安防企业开始着眼于平安城市和智慧城市建设，天网工程和雪亮工程等也推动了智慧安防的发展，越来越多的 AI 和计算机视觉公司开始将安防领域作为其主要发展方向之一。传统安防企业和 AI+ 安防领域新兴公司都开始注重安防产品在城市建设上的应用。另外，从地区维度上看，智慧安防产品的应用最先出现在人口密集区域，典型地区如珠三角、长三角及中部地区，这些地区对于智慧安防产品的需求较高。从 2016 年开始，智慧安防的概念被大面积提及，各公司在全国范围内推出多项促使智慧安防落地的应用，应用场景也从最初的公安和交通领域向其他领域拓展。

到 2024 年，智慧安防行业形成三维升级格局：技术上，大模型使视频解析进入“场景理解”阶段，边缘设备算力突破 100TOPS，5G 支撑毫秒级响应；应用上，形成以公共安全为核心，涵盖智慧交通 (28%)、社区治理 (23%)、工业质检 (15%) 等的 1+N 矩阵；市场上，一线城市年增 12%，下沉市场增速达 25%，东南亚等海外市场增长 35%。未来，智慧安防行业将呈现数字孪生实现虚实映射、隐私计算保障数据合规、联邦学习促进跨域协同三大趋势，推动行业从“事后追溯”转向可预警 90% 隐患的“事前预测”，重塑产业边界和城市安全治理模式。

5.5.3　智慧安防产业链

智慧安防产业链与传统安防产业链差异最大的地方，在于上下游关系并非泾渭分明，安防厂商、AI 公司、云服务厂商都可通过集成商渠道或直客模式向客户提供产品与服务，部分集成商也可直接提供部分硬件产品和软件技术，各角色相互之间存在合作和潜在竞争的关系。智慧安防产业链内的核心企业类别包括上游的视频算法提供商、芯片制造商、其他电子元器件制造商，中游的硬件供应商、软件供应商、系统集成商、安防厂商，下游的运营服务商。智慧安防产业链如图 5-24 所示。

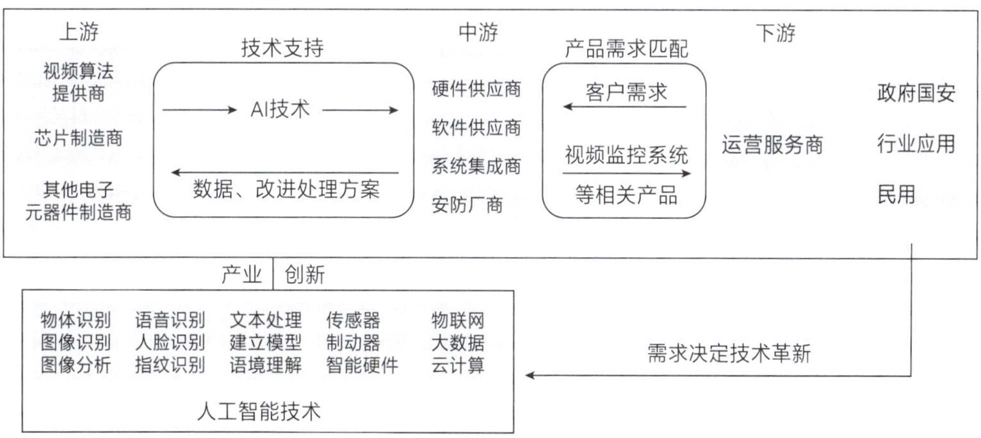

图 5-24　智慧安防产业链

5.5.4 智慧安防相关技术

随着 AI 技术的普及，传统安防已经不能完全满足人们对于安防准确度、广泛程度和效率的需求，智慧安防应运而生。算法、算力、数据作为智慧安防发展的三大要素，在产品落地上主要体现在视频结构化 (对视频数据的识别和提取)、生物识别 (指纹识别、人脸识别等) 和物体特征识别 (车牌识别系统)3 个方面。

(1) 视频结构化。视频结构化是指利用计算机视觉和视频监控分析方法对摄像机拍录的图像序列进行自动分析，包括目标检测、目标分割提取、目标识别、目标跟踪，以及对监视场景中目标行为的理解与描述，理解图像内容及客观场景的含义，从而指导并规划行动。

(2) 生物识别技术。生物识别技术用于利用人体固有的生理特性和行为特征来进行个人身份鉴定。人脸、指纹、虹膜三种识别方式是目前应用较广泛的生物识别方式，三者的使用使得智慧安防产品在便捷性、安全性和唯一性上都得到了提升。

(3) 物体特征识别。物体特征识别技术用于判定一组图像数据中是否包含某个特定的物体、图像特征或运动状态，是在特定的环境中实现特定目标识别的技术。目前，物体特征识别技术能识别简单几何图形、人体、印刷或手写文件等。它在安防领域较为典型的应用是车牌识别系统，能通过外设触发和视频触发两种方式采集车辆图像，自动识别车牌。

5.5.5 智慧安防的应用场景

从目前发展情况来看，智慧安防产业呈现双向发展趋势：更加偏重宏观的智慧城市大安防化；更加侧重微观的民用服务微安防化。前者较为典型的应用是公安、司法和监狱的警用场景，后者较为典型的应用是日常贴近生活的民用场景。

1. 警用智慧安防

警用智慧安防借助智慧安防前端和后端产品，汇总海量信息，再利用强大的计算能力及智能分析能力，对嫌疑人的信息进行实时分析，给出最可能的线索建议，将犯罪嫌疑人轨迹锁定时间由原来的几天缩短为几分钟，为案件的侦破赢得宝贵的时间。例如，2017 年，通过海康威视监控系统破获的某起抢劫案，当时警方需要从大量的视频图像中找到嫌疑人，要对来自 500 多个监控点的长达 250 个小时的视频进行分析。如果采用人力对视频内容进行分析，至少需要 30 天，而采用基于深度学习的视频分析技术仅需不到 5 秒。现在，智慧安防已经进入我们生活的各个场景，为我们提供安全保障。各种警用安防类型对应的重要场景和重点技术如图 5-25 所示。

2. 民用智慧安防

智慧安防在民用安防市场主要按照多场景应用、安防目的、便捷性提升、智能化程度提升等逻辑进行布局，主要使用机构为学校、家庭、工业园区、智能楼宇等。人脸识别系统已经逐渐在高档社区和学校等地区运行，同时配合智能监控设备，构建智能高清人脸识别系统，将数据接入公共安全视频监控系统进行全面安防。

警用安防类型	重要场景	重点技术
“点”布防	车站、机场、酒店等卡口、出入口、门禁安检等	身份认证、静态人脸识别、指纹识别、虹膜识别等
“线”布防	道路监控、嫌疑人或车辆路径跟踪等	车辆识别、人脸识别、图像识别与处理、目标锁定分析
“面”布防	热点区域、重点场所、人流量大的开放空间	人群与行为特征分析、人脸识别、目标动态和轨迹识别
“后台”布防	案件侦破、案件频发地预警和管控	人脸识别、行为分析、视频结构化、数据挖掘分析

图 5-25　各种警用安防类型对应的重要场景和重点技术

(1) 居家生活智慧安防系统能在设备设防状态下实时监控家中的情况，并及时将感应的异常传送至用户手机，达到保护家人和财物的目的。用户也可通过手机端随时随地查看家里的变化，防止意外事件发生。

(2) 工业园区具有空间大、人员分布散、视野死角多等特点，潜在的安全危险较多，这决定了工业园区势必成为安防应用发展的重要实践场景。安防摄像机在工业园区内数量虽多，但大部分还是被部署在出入口和园区边界位置，内部边角位置无法涉及，而这些地方恰恰是安全隐患的死角。结合 AI 技术，可移动巡线机器人在工业园区中将拥有广泛的应用前景。当前实际落地运营的可移动巡线机器人 (“大眼萌”巡检机器人) 均配有红外检测系统和摄像设备，可以准确采集和收录各种数据，部分可移动巡线机器人还可以利用拾音器，采集设备运行时发出的声音，经过“大脑”的分析比对，发现设备内部异常。可移动巡线机器人能定期巡逻，读取仪表数值，分析设备潜在风险，有效地保障工业园区的正常运营。

(3) 智能楼宇中的安防设备主要包括前端的网络摄像机和编码器，辅助的报警、门禁和联动系统，以及后端的监控管理平台。在智能楼宇领域，人工智能是建筑的大脑，综合控制着建筑的安防和能耗，对于进出大厦的人、车、物实现实时的跟踪定位，区分办公人员与外来人员，监控大楼的能源消耗，使得大厦的运行效率最优，延长大厦的使用寿命。

(4) 金融安防系统包括技术防范系统和实体防护设施，技术防范系统主要包括视频安防监控系统、出入口控制系统、入侵报警系统和监听对讲系统等，实体防护设施主要包括专用门体、防弹复合玻璃、提款箱、运钞车、保管箱和 ATM 自动柜员机等。

拓展阅读 5-6

2024 中国智能安防行业发展预测与深度调研分析

5.6　智慧医疗

近年来，人工智能、大数据等技术蓬勃发展，不断赋能医疗健康领域。从可穿戴设备助力家庭健康管理，到“智慧医院”改变患者就医体验，新技术深刻改变了医疗模式，极大提升了医疗服务质量，一个创新活力的智慧医疗时代正在加速到来。

5.6.1 智慧医疗的概念

在理念上，智慧医疗可以被定义为新一代信息技术、网络技术在医疗领域的深入应用和实践，是传统医疗卫生信息化的革命性升级。一方面，智慧医疗将全面提升中国医疗领域的技术能力与服务水平；另一方面，在实施以人为本的“健康中国”战略的过程中，智慧医疗将持续发挥重大的作用。

在实践上，当前智慧医疗在中国的核心应用场景包含 3 类。

(1) 覆盖医疗机构内部全流程的信息化管理体系。

(2) 连接医疗机构与患者之间、医疗机构之间的远程医疗与分级诊疗体系。

(3) 医疗影像 AI 辅助诊断、医疗机器人与 AI 辅助临床医疗决策体系。

5.6.2 智慧医疗的发展历程

人工智能凭借其智能化、自动化的特点，在医学影像、药物研发、医院管理等多个医疗场景落地应用，能够辅助提高医院诊疗效率和运营管理水平，在一定程度上缓解我国医疗资源不足的问题。

智慧医疗行业的发展路径可归结为“计算智能—感知智能—认知智能”3 个阶段，随技术进步呈螺旋上升发展。

(1) 计算智能是智慧医疗发展的初期阶段，该阶段人工智能主要表现为对医疗行业的算力支持，通过计算机获取海量医疗数据资源，对数据进行整合、处理、分析。计算智能是实现精准医疗、智慧医疗的重要保障。

(2) 感知智能是指机器接收外界信息、实现人机交互的能力。机器对于外界信息的感知主要通过将图像、声音、文字等转化为数字形式进行记忆和学习，并依据相关算法进行推理和决策。在智慧医疗领域主要体现为对影像、声音等多维度医疗信息的识别和处理，帮助医生快速诊断，大幅提高医生诊疗效率。

(3) 在认知智能阶段，人工智能的计算能力和认知能力都有大幅提高，所处理的数据由健康保健向临床医疗及前沿科研等更为复杂的多元方向拓展，将人工智能应用于医疗生态的方方面面，利用深度学习技术对医疗数据资源进行多维度推理和使用。

人工智能在公共卫生领域特别是传染病的预防与控制方面发挥重要作用。传染病大数据分析预警系统、疫情排查系统、智能测温机器人、消毒机器人、语音服务机器人等被广泛应用，消毒机器人如图 5-26 所示。

智慧医疗的商业化路径通常沿着“学术研究—商业应用”的模式进行。与实验室产品不同，智慧医疗的商业化需要利用人工智能技术解决医疗领域的实际问题，通过满足一定规模的市场需求来实现商业变现的行为。

图 5-26 消毒机器人

5.6.3 智慧医疗影像诊断

医疗数据中有超过 90% 的数据来自医疗影像。医疗影像领域拥有海量数据，这些影像和数据可以辅助医生进行诊断，提高医生的诊断效率。智慧医疗影像诊断应用场景如图 5-27 所示。

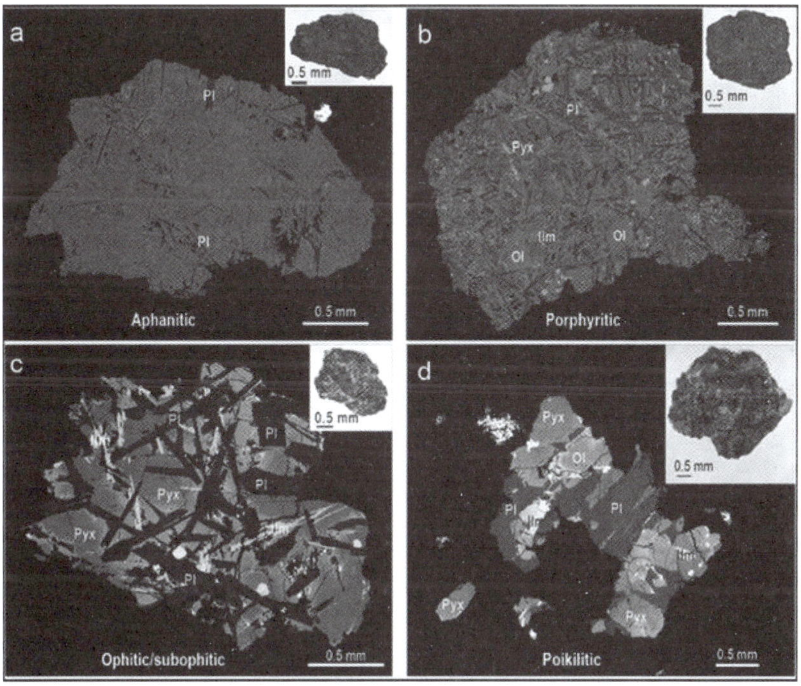

图 5-27 智慧医疗影像诊断应用场景

5.6.4 智慧医疗机器人

智慧医疗机器人是指在医院、诊所等医疗机构中用于医疗或辅助医疗的机器人，是一种智能型服务机器人。它能独自编制操作计划，依据实际情况确定动作程序，然后把动作变为操作机构的运动。

在手术机器人领域中，“达·芬奇”手术机器人较为知名，其全称是“达·芬奇高清晰三维成像机器人手术系统”，如图 5-28 所示。“达·芬奇”手术机器人目前被广泛应用于微创外科手术领域，适合普外科、泌尿外科、心血管外科、胸外科、五官科、小儿外科等微创手术。

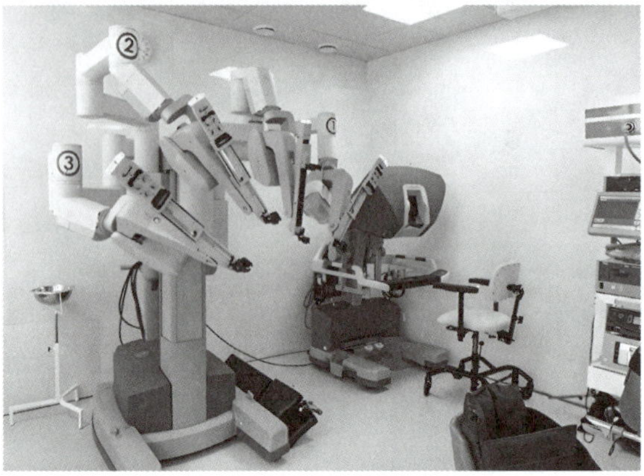
图 5-28 “达·芬奇”手术机器人

另外，还有外形与普通胶囊无异的“胶囊内镜机器人”，医生可以通过软件来控制胶囊机器人在胃内的运动，改变胶囊内镜机器人姿态，按照需要的视觉角度对病灶重点拍摄照片，从而达到全面观察胃黏膜并做出诊断的目的。胶囊内镜机器人的使用说明和结构分别如图 5-29 和图 5-30 所示。

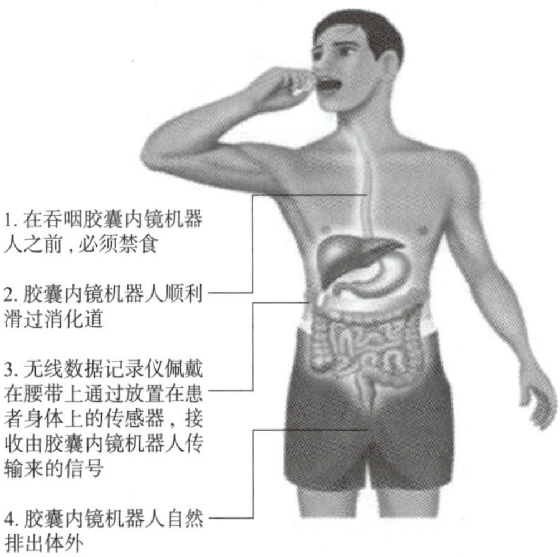

图 5-29 胶囊内镜机器人的使用说明

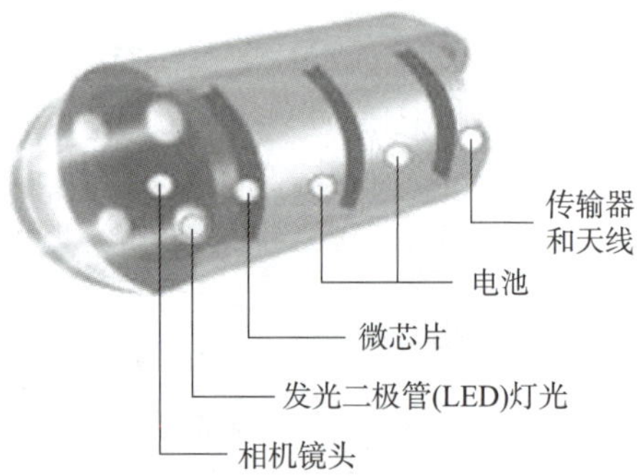

图 5-30 胶囊内镜机器人的结构

拓展阅读 5-7

智慧医疗时代加速到来

5.7 智慧教育

“因材施教”是孔子在几千年前提出的教育理念，这一理念早已深入人心，并被认为是最佳的教学方式之一，直到今天，这种教学方式依然无法真正实现。原因很简单，如果教师完全按照这一理念进行教学，那么就意味着需要针对每一个孩子设置完全不同的课程体系，教学体系、教学大纲将会被完全推翻！直到人工智能的诞生，差异化与个性化的教学，才逐渐成为现实。如今，多家科技公司正在朝“因材施教”这个方向努力，科大讯飞便是其中的佼佼者，其开发的智慧教学平台如图 5-31 所示。

图 5-31　科大讯飞智慧教学平台

5.7.1 智慧教育的概念

智慧教育是指在教育领域(教育管理、教育教学和教育科研)全面深入地运用现代信息技术来促进教育改革与发展，其技术特点是数字化、网络化、智能化和多媒体化，其基本特征是开放、共享、交互、协作、泛在。智慧教育现阶段的目标是以教育信息化促进教育现代化，用信息技术改变传统模式。

5.7.2 智慧教育的发展历程

当前，我国已充分认识到人工智能与教育融合发展的重要性，并进行了相关规划布局。

2017 年，国务院发布《新一代人工智能发展规划》，提出加快人工智能高端人才培养，建设人工智能学科，发展智能教育。

2018 年，教育部发布《高等学校人工智能创新行动计划》，从高等教育领域推动落实人工智能发展。

2019 年 2 月，中共中央、国务院发布《中国教育现代化 2035》，提出加快推进信息化时代的教育变革，建设智能化校园，统筹建设一体化智能化教学、管理与服务平台，利用现代技术加快推动人才培养模式改革。

2021 年，国务院发布《“十四五”数字经济发展规划》，明确将“智慧教育”纳入数字经济重点产业，提出推动教育数字化升级，建设智能教育公共服务平台，发展个性化学习、智能教学评价等应用场景。教育部深化推进《教育信息化 2.0 行动计划》，以“三全两高一大”为目标，加速人工智能、大数据等技术在教育中的深度融合，推动教学应用覆盖全体教师、学习应用覆盖全体学生、数字校园建设覆盖全体学校。

2022 年，国家中小学智慧教育平台正式上线，接入 AI 助学功能，计划到 2025 年覆盖全国 90% 以上中小学，提供个性化学习路径推荐、作业批改等服务。

2023 年，国家互联网信息办公室等 7 部门发布《生成式人工智能服务管理暂行办法》，针对 ChatGPT 等 AI 技术爆发式发展，规范生成式 AI 在教育领域的应用，强调伦理安全与教育适应性，鼓励校企合作开发合规教育大模型。教育部启动“人工智能赋能教育现代化”试点，在 100 所高校和 1000 所中小学推广智能课堂、虚拟实验室、教师 AI 助手等应用。

截至 2025 年，全国已有 500 余所高校设立人工智能专业，职业教育新增“AI+ 教育”交叉课程以培养复合型人才，教育部将 AI 技能纳入教师培训必修内容。

5.7.3 智慧课堂

智慧课堂基于先进的教学理念和真实的教学情境，能结合云计算、大数据、物联网等技术，以软硬件一体的方式实现集中智能录制、远程互动及常态化的直播录播，为教学决策提供大数据支撑，实现教学决策数据化、评价反馈即时化、交流互动立体化、资源推送智能化，打造智能、高效的学习生态环境。智慧课堂能同时起到为老师、学生、家长减负的作用。

科大讯飞开发的畅言智慧课堂如图 5-32 所示，它的应用贯穿课前、课中、课后，能打造出沉浸式课堂场景。畅言智慧课堂以“人工智能助力教育，因材施教成就梦想”为理念，围绕“因材施教”理念提供覆盖教、学、考、评、管的教育全场景解决方案。

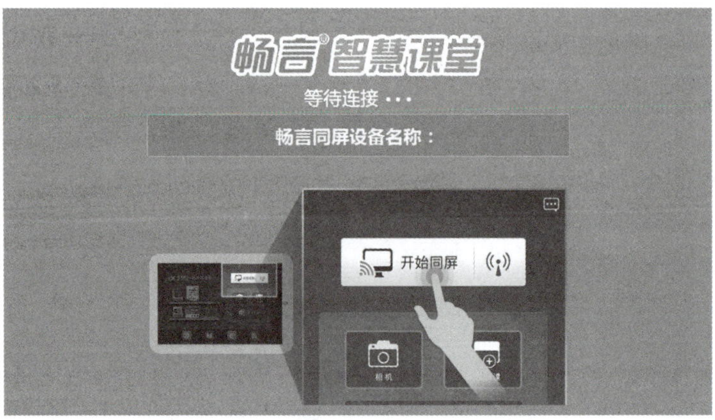

图 5-32 科大讯飞畅言智慧课堂

目前，已有 2 万余所学校使用过畅言智慧课堂，它包含的个性化学习手册，让学生作业“千人千面”，仅 2021 年就为全国初中和高中学生生成近 6300 万份个性化作业。

5.7.4　精准教学

精准教学是指借助大数据和人工智能技术，实时记录、跟踪和分析学习者在教学过程中的数据，并以此协助教师开展具有针对性的差异性和个性化教学。人工智能在多个教学环节中能发挥重要的作用，可以实现学习的个性化，让“分层教学”“因材施教”不再是一句口号。

如何实现精准教学？大数据精准教学系统通过全场景伴随式的数据采集与数据挖掘，帮助老师精准教、学生针对学、学校高效管；双师课堂聚焦教育均衡，实现实时互动、优质资源共享的远程课堂教学。

5.7.5　智慧考试

智慧考试源自无纸化考试。由于信息技术的发展，无纸化考试得到极大普及。随着远程教育和新媒体教学在国内外的发展，智慧考试系统这几年也在各认证考试中被广泛使用。智慧考试系统能实现客观题智能评阅、主观题辅助批阅，有效降低人工评卷工作量。

拓展阅读 5–8

智慧课堂助力提升教学精准性

本章习题

一、基础知识题

1. 智能交通系统中，5G 智能公交车的主要特点不包括 (　　)。
   A. 车厢和外部设施由中央微电脑控制
   B. 车身装有雷达感应器用于自动驾驶
   C. 工作台支持语音控制功能
   D. 完全取代司机实现无人驾驶
2. 智能金融的发展历程中，“新科技 + 金融”阶段的核心技术不包括 (　　)。
   A. 刷脸支付　　B. 机器人客服
   C. ATM 机　　D. 分布式金融
3. 智慧零售的成熟期主要依赖 (　　) 对“人、货、场”三要素进行重塑。
   A. 仅大数据技术　　B. 人工智能、大数据、AR、物联网
   C. 仅云计算技术　　D. 仅区块链技术

4. 智慧安防产业链中，(　　) 不属于上游企业类别。

A. 视频算法提供商　　B. 芯片制造商

C. 系统集成商　　D. 其他电子元器件制造商

5. 智慧医疗影像诊断的应用场景中，医疗影像数据占医疗数据的比例约为 (　　)。

A. 50%　　B. 70%　　C. 90%　　D. 30%

6. 智慧教育中，科大讯飞开发的“畅言智慧课堂”核心理念是 (　　)

A. 统一化教学　　B. 因材施教

C. 传统板书教学　　D. 纯线上教学

7. 智能投顾 (Robot-Advisor) 与传统人工投顾相比，其优势不包括 (　　)。

A. 覆盖高净值客户　　B. 收费更低

C. 服务更客观　　D. 可服务普通散户

8. 智慧旅游的发展历程中，(　　) 不属于其三个阶段之一。

A. 专业化阶段　　B. 数字化阶段

C. 智能化阶段　　D. 自动化阶段

9. 智慧医疗机器人中，“达 • 芬奇”手术机器人主要适用于 (　　)。

A. 开胸手术　　B. 微创外科手术

C. 骨科手术　　D. 牙科手术

10. 智慧课堂的核心目标不包括 (　　)。

A. 为老师减负　　B. 为学生减负

C. 为家长减负　　D. 完全取代教师

二、思考题

1. 人工智能如何赋能智慧交通？
2. 目前，中国智能交通的发展状况如何？
3. 什么是智能金融？
4. 什么是智慧零售？
5. 人工智能给旅游行业带来了哪些巨大变革？

第 6 章

人工智能发展展望

随着互联网和大数据的发展，以及深度学习等机器学习算法在互联网领域的广泛应用，人工智能再次进入快速发展时期。人工智能将从现在的专用智能向通用智能发展，从单纯人工智能向人机混合智能发展，从“人工 + 智能”向自主智能系统发展，并将加速与其他学科领域交叉渗透。然而，不同领域的科学家、企业家对人工智能的未来表达了担心，主要争论集中于人工智能的法律秩序与伦理道德。因此，发展人工智能要充分考虑到人工智能技术的局限性，理性分析人工智能发展需求，理性设定人工智能发展目标，确保人工智能健康、可持续发展。在我国大力鼓励创新创业的背景下，人工智能融合各行各业，带来宽广的就业机会，大量与人工智能相关的技术应用、管理、开发人才受到追捧。同时人工智能的发展也会对传统行业产生冲击，未来就业的不确定性显著增加，智力劳动所占比重会逐渐增加，对劳动者的价值观结构、综合素质、创新能力等提出了更高的要求。

学习目标

1. 了解我国人工智能发展现状，包括政策支持、发展成果、现存差距及未来前景。

2. 明确人工智能发展面临的数据收集与安全、算法歧视、行业监管等法律挑战，理解相关典型案例的法律逻辑。

3. 掌握人工智能在道德层面的挑战。

4. 了解人工智能伦理治理的国际经验与我国《关于加强科技伦理治理的意见》的主要内容，理解科技向善的发展理念。

能力目标

1. 能够分析我国人工智能在政策支持、产业规模等方面的现状及与国际先进水平的差距。

2. 能够运用欧盟可信赖 AI 伦理准则，分析自动驾驶、智能投顾等场景中 AI 系统在合法性、合伦理性及技术健全性方面的实践要求。

素养目标

1. 树立对人工智能发展的理性认知，理解技术演进的长期性与复杂性。
2. 形成“科技向善” 的价值判断，主动思考技术应用的边界与责任。
3. 培养跨学科思维，清除数字鸿沟的影响，提升应对技术变革的社会适应能力。

思维导图

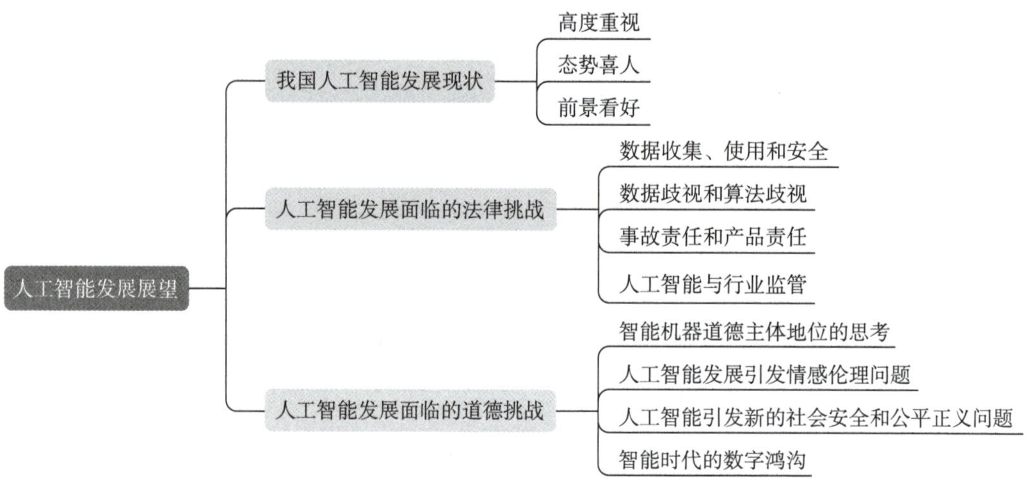

素养园地

科技向善造福人类——解读《关于加强科技伦理治理的意见》

6.1 我国人工智能发展现状

目前，我国人工智能发展态势总体良好，但我们也应清醒认识到仍存在风险，尤其是在基础研究、技术体系、应用生态、创新人才、法律规范等方面，有许多问题值得关注。总的来看，我国人工智能发展现状可以概括为“高度重视，态势喜人，前景看好”。

6.1.1　高度重视

党中央和国务院高度重视并大力支持人工智能的发展。2017 年 7 月，国务院印发《新一代人工智能发展规划》，把新一代人工智能摆在国家战略高度，描绘了我国面向 2030 年的人工智能发展路线图，旨在构筑人工智能先发制人的优势，把握新一轮科技革命的战略主动权，《新一代人工智能发展规划》的要点如图 6-1 所示。在发展人工智能方面，国家发展和改革委员会、工信部、科技部、教育部等国家部委，以及北京、上海、广东、江苏、浙江等地政府相继出台了鼓励政策。

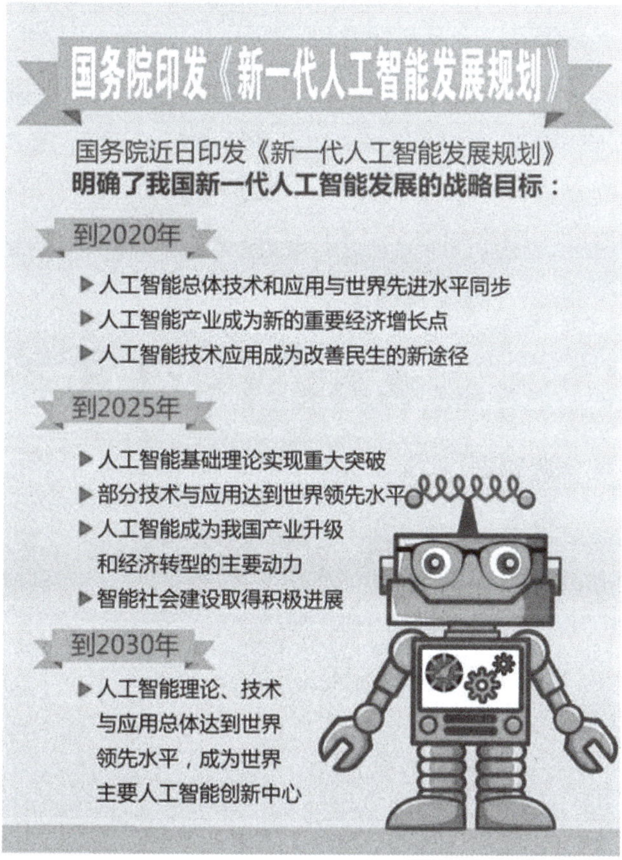

图 6-1　《新一代人工智能发展规划》的要点

6.1.2　态势喜人

2024 年 12 月中国信息通信研究院发布的《人工智能发展报告 (2024)》显示，人工智能浪潮席卷全球，正以前所未有的速度、广度和深度改变生产生活方式。世界主要国家纷纷将推进人工智能技术创新与应用作为国家战略的重要方向，我国高度重视人工智能在培育新质生产力、塑造新动能方面的重要作用。2024 年 1 月，国务院常务会议研究部署推动人工智能赋能新型工业化有关工作，强调以人工智能和制造业深度融合为主线，加快重点行业智能升级，大力发展智能产品，高水平赋能工业制造体系。当前，人工智能正处于迈向通用智能的初始阶段，并成为推动经济社会持续发展的关键动力。

2025 全球人工智能技术大会 (GAITC 2025) 于 6 月 7—8 日在浙江杭州召开。作为我国人工智能领域千人级综合性活动，大会以“交叉、融合、相生、共赢”为主题，坚持“国际化、高端化、专业化”办会理念，旨在打造“世界的讲台、中国的平台、城市的舞台”。大会紧扣科技趋势，邀请来自国内外的顶尖科学家、行业专家、技术先锋、企业高管、青年菁英等围绕大模型、具身智能、空间智能、科学智能，以及机器人、AI 芯片、脑智能、元宇宙等前沿领域，以及工业智能、智慧城市、智能教育、智慧安防、智慧能源、智能安防等热门行业，进行学术成果和技术应用分享，探讨 AI 伦理与治理、数据隐私源泉、算法歧视、知识产权、人才培养等关乎人工智能可持续发展的重要问题，推动协同创新且共同负责的人工智能创新生态建设。2025 全球人工智能技术大会主题如图 6-2 所示。总的来说，我国人工智能领域的创新创业教育和科研活动十分活跃。

图 6-2　2025 中国人工智能大会主题

6.1.3　前景看好

2017 年，世界顶级管理咨询公司埃森哲发布的《人工智能：助力中国经济增长》报告指出，到 2035 年，人工智能将使中国的劳动生产率提高 27%。2017 年，国务院印发的《新一代人工智能发展规划》中指出，到 2030 年，我国人工智能的核心产业规模将超过 1 万亿元，相关产业规模将达到 10 万亿元。

目前，中国正处在加快人工智能布局、收获人工智能红利、引领智能时代的重要历史机遇期，如何在人工智能蓬勃发展的大潮中，选择好中国道路，抓住中国机遇，展现中国智慧，都是值得我们深思的问题。任何事物的发展都不可能一直处于高位，有高潮必有低谷，这是客观规律。在任意现实环境中实现机器的自主和通用智能，仍需要长期的理论和技术积累，人工智能在工业、交通、医疗等传统领域的渗透和融合也是一个长期的过程，难以一蹴而就。

为此，我们必须充分考虑人工智能技术的局限性，认识人工智能改造传统产业的长期性和艰巨性，理性分析人工智能发展需求，合理设定人工智能发展目标，合理选择人工智能发展路径，务实推进人工智能发展举措，保证人工智能的健康、可持续发展。

6.2　人工智能发展面临的法律挑战

科学技术领域的每一个新概念，从产生到具体应用于各个行业，都面临着许多挑战，这些挑战不仅来自技术和商业方面，也来自法律和公共政策方面。近几年来，人工智能的发展引起了世界上许多国家和国际组织的关注，它们先后发表了一系列有关人工智能的报告，讨论人工智能的影响和风险。目前，普遍认为应该从以下方面加强对人工智能的监管。

6.2.1　数据收集、使用和安全

虽然人工智能在法律上难以精确定义，但在技术上，人工智能目前通常与机器学习技术相结合，这就意味着需要收集、分析和使用大量数据，其中许多数据因其身份识别（包括与其他信息相结合的身份识别）而属于个人信息。根据个人信息保护方面的法律规定，此类行为应获得信息所有者明确、充分和完备的授权，并应明确告知信息所有者收集信息的目的、方式方法、内容、保留期限及使用范围等。2024 年，杭州警方侦破了全国首起利用 AI 技术侵犯公民个人信息的案件。2024 年 5 月，一个犯罪团伙在境外网络承接定向出售国内头部平台用户数据业务，他们使用境外多模态专用大模型，通过文字对话输出活体视频，突破平台人脸认证，强制登录他人账号，获取大量受害人私人数据和敏感信息并出售获利。这一案件凸显了人工智能应用中个人信息安全面临的严峻挑战。同年，北京互联网法院也审理了一起典型案件。古风短视频博主廖某发现，某科技文化有限公司在未经其授权同意的情况下，使用其出镜的系列视频制作换脸模板，并上传至该公司运营的软件中供用户付费使用以牟利。法院经审理查明，该行为虽不构成对廖某肖像权的侵害，但因涉及对廖某面部特征等个人信息的收集、使用、分析等处理行为，且未经廖某同意，最终判定该公司构成对廖某个人信息权益的侵害 。

人工智能应用程序开发人员除了需要按照所告知的方式和范围使用用户数据，还可能需要与政府部门合作，为其提供数据。2016 年美国阿肯色州发生一起谋杀案，警方希望使用从 Alexa 语音助手收集到的语音数据，被亚马逊公司拒绝，原因是警方没有签发有效的法律文件。由于人工智能技术的引入，公共权利与私人权利的冲突可能会出现新的形式。开发人员在收集、使用数据时，还应遵守安全原则，采取适当的管理措施和技术手段保护个人信息安全，防止未经授权的检索、披露和丢失、泄露、损毁和篡改个人信息的行为。2024年某市发生一起重大经济犯罪案件，警方急需掌握某金融科技公司智能投顾平台上涉事嫌疑人的资金流向及交易行为数据，这些数据由先进的人工智能算法进行分析处理，能清晰呈现嫌疑人复杂的资金运作轨迹。警方依据相关法律程序向该公司提出数据调取请求，然而，该公司却以警方提供的法律文书中对数据调取的具体范围界定模糊，且对数据后续使用的安全保障措施说明不够详尽为由，拒绝配合。

6.2.2 数据歧视和算法歧视

人工智能在应用过程中，经常需要利用数据训练算法。若输入的资料不具代表性或有偏差，训练的结果可能会放大偏差，并呈现出歧视特征。卡内基梅隆大学的研究显示，由谷歌开发的广告定位算法可能会对网民造成性别歧视。在搜索20万美元薪水的行政职位中，假冒男性用户组搜到了1852条广告，假冒女性用户组只搜到318条广告。2016年3月23日，微软公司人工智能聊天机器人Tay上线不到24小时，就在一些网友的恶意引导和训练下，发出各种攻击和歧视言论。除此以外，因为数据存在偏差，导致结果涉嫌歧视甚至带有攻击性的例子，已经大量出现。也就是说，人工智能开发人员在训练和设计人工智能时，必须遵循广泛的包容性原则，充分考虑妇女、儿童、残疾人、少数民族等易受忽视群体的利益，并针对道德和法律的极端情况制定专门的判断规则。

因为人工智能系统并不像它表面上那样“技术中立”，在不知情的情况下，特定人群可能会成为该系统“偏见”和“歧视”的受害者。身为开发人员，必须谨慎面对风险。除采集数据和设计算法时需要注意数据的全面性和准确性，以及算法的不断调整、更新外，在预测结果的应用上也应更加谨慎。在重要的领域中，不能把人工智能的操作结果作为最终的、唯一的决策依据，仍然需要进行关键的人工审核。举例来说，在有关医疗辅助诊断的人工智能规定中，明确指出人工智能辅助诊断结果不能作为临床最终诊断结果，而只能作为临床辅助诊断结果和参考，最终诊断结果必须由合格的临床医师确定。

6.2.3 事故责任和产品责任

与其他产品一样，人工智能产品也存在事故责任和产品责任问题，但要区分到底是人为操作不当还是人工智能缺陷，并不那么容易，特别是举证，更是困难。

《中华人民共和国民法典》规定，终端产品生产者因其产品的缺陷造成用户损害的，应当承担侵权责任。当终端产品使用的人工智能有缺陷，并且终端产品使用的人工智能芯片和服务（人工智能产品）是由他人提供时，终端产品生产者可作为销售者，要求人工智能产品和服务的开发人员承担侵权责任。在此基础上，双方还可以就侵权责任的划分进行约定。

在产品缺陷责任认定过程中，不同生产者之间的责任划分问题是一个比较棘手的问题。

由于采用人工智能的终端产品可能涉及多种技术和部件，在最终出现意外情况时，往往很难准确定位出现问题的具体环节和部件。

6.2.4　人工智能与行业监管

目前，人工智能技术或产品的研发，本身并没有设置行政许可或准入限制，一旦这些技术或产品被应用于具体行业，那么获得许可证的问题就会随之出现。例如，现在最受欢迎的“智能投顾”行业，就出现了不少打着智能投顾旗号非法荐股、无牌代销的现象。“智能投顾”会涉及投资咨询和资产管理牌照。从事证券投资咨询业务的机构，按照规定必须取得中国证监会颁发的证券投资咨询从业资格。而这种平台只能为投资者提供咨询意见，无法接触到投资者账户或受托理财。例如，智能投顾平台涉及金融产品销售，还需根据产品类型获得相关许可，未经许可的智能投顾平台经营者，从事非法经营活动可能面临刑事法律风险。在人工智能应用的其他行业 (如医疗设备行业、可穿戴设备行业等) 中，许可证管理问题也不容忽视。

对金融、医疗、智能家居、自动驾驶等专业领域，监管是否有必要介入人工智能的发展取决于人工智能技术的发展水平，如果有一天人工智能已经发展到可以代替人做决策的水平，那么在人工智能的发展环节，就需要引进相关领域的合格专业人才对其进行监督。在此之前，对于仅仅在自动化操作和辅助判断领域发挥作用的人工智能，还不如让技术员自由成长。

拓展阅读 6-1

人工智能伦理治理标准化指南 (2023 版)

6.3　人工智能发展面临的道德挑战

近年来，人工智能在社会各领域迅速发展，在给人们生产生活带来便利的同时，一些问题开始日益凸显，这些问题不仅有技术层面的，也有伦理方面的。

6.3.1　智能机器道德主体地位的思考

基于人工智能目前的发展速度和规模，它将来也许可以开发出具有自我意识的智能产品。那么，这些由人类制造出来的智能机器是否也可以获得与人类同样的权利和地位？它们会威胁人类的自身利益吗？假如一个 AI 产品出现了对人类有伤害的情形，责任主体是人还是智能机器？智能机器应该具有怎样的道德地位？在智能机器能有自我意识，甚至能模仿人类的感觉之后，它们还能自制吗？这些都是人工智能发展过程中可能引发的伦理问题。

目前，人工智能的伦理问题得到了前所未有的重视，其关键在于智能机器能够实现某种可计算的感知、认知和行为，从而在功能上模拟人类的智能和行为。在人工智能诞生之初，英国科学家图灵、美国科学家明斯基等先驱者的初衷就是利用计算机来制造通用或强人工智能。到目前为止，应用越来越广泛的各种人工智能技术和智能机器都是狭义的人工智能或弱人工智能，它们只能够完成人类赋予它们的任务。

一般而言，人工智能系统能够自动感知或认知环境(包括人)，并根据人的设计执行某种行为，还可能具有人机交互功能，甚至可以与人“对话”，通常被视为具有某种自主性和互动性的实体。基于这一点，人工智能学家引入了智能体的概念来定义人工智能：对能够从环境中获取感知并执行行动的智能体的描述和构建。

因此，可以把各种各样的人工智能系统称为人工智能体或智能体。从技术上讲，智能体的功能是智能算法赋予的：智能体运用智能算法对环境中的数据进行自动感知和认知，并使其映射到自动行为与决策之中，从而达到人类所设定的目标和任务。可以说，智能体与智能算法实为一个整体的两面，智能算法是智能体的功能内核，智能体是智能算法的具体体现。

由智能体概念出发，可以将人工智能系统表现得更加清晰。人工智能系统能够模拟和取代人类的理性行为，因为它的存在既可以与人类相媲美，也可以被看作是“拟主体”，或者具有某种“拟主体性”。如果仅仅把智能体当作普通的技术人类创造，其研究过程与其他科技伦理相似，主要有面向应用场景的描述性研究、突出主体责任的责任伦理研究和以主体权利为基础的权利伦理研究。但是，当人们赋予智能体以拟主体性时，就会自然而然地联想到，无论智能体是否和主体一样具有道德意识，其行为都可以被视为拟伦理行为。

6.3.2 人工智能发展引发情感伦理问题

人工智能正以更快的速度和水平融入人类社会的各个方面，甚至可以说，它在半个多世纪里，远远超过了过去几百年的科技发展水平，人工智能会不会带来新的情感伦理问题?

人工智能是否会拥有自我意识并与人类产生情感?这取决于怎样定义“产生”。人工智能的自主性，仍然依赖于样本学习，就像 AlphaGo 对每一步棋的选择，都是从海量可能的棋局中选择一种，这种自主是一种有限的自主，实际上依赖于所学的东西。人工智能对意识和情感的表达，是对人类意识和情感的“习得”，且不会超过这个范围。人工智能能否超越人类而学习，主动地产生意识和情感?就现在的研究来看，还很遥远。但假设人类能深入了解人类的大脑，是否能创造出一个类似人类大脑的机器?可惜，对于人类大脑如何产生意识和情感这些基本问题，我们仍然知之甚少。

人工智能越来越像人，人类会对机器产生感情吗?这取决于机器在交流过程中是否给人类带来愉悦。正如互联网发展早期的一句常用语——在互联网上，没人知道你是一条狗。也就是说，当人们不知道传播者的身份时，只要对方能给自己带来快感，情感就会产生。

假如在未来，知识型的人工智能能回答人们所能想到的许多问题，从而导致个体学习方式、生活方式甚至是社会化模式的改变，使人类与人工智能产生了夫妻、亲子等情感，并且社会主流观点认为这种关系符合伦理，那么人们可能会倾向于用夫妻、亲子之间的伦理准则来规范这种关系。但是，如果人们总是认为人和人工智能之间的关系是“游戏关系”，那么相应的伦理准则也就无从谈起了。

专家们认为，面对人工智能带来的种种冲击，20 世纪 50 年代美国科幻小说家阿西莫夫提出的机器人三大定律，至今仍有其借鉴意义。三大定律是：机器人不能伤害人类，也不能在看到人类受伤时放任不管；机器人必须服从人类的所有命令，但不能违反第一条定律；机器人应保护自身的安全，但不得违反第一、第二定律。说到底，人才是智能行为的总开关，在应对人工智能可能产生的威胁时，人类完全可以未雨绸缪。

6.3.3　人工智能引发新的社会安全和公平正义问题

人工智能可能导致工人失业、影响社会公平正义。人工智能机器人工作效率高、出错率低、维护费用低，能保证连续作业。人工智能应用于各个领域都会给社会稳定带来冲击，其中最突出的就是就业冲击，很多人工作的稳定性都会受到人工智能发展的直接影响，尤其是那些不需要专业技术和专业能力的工作。大量采用人工智能会导致劳动者失业和未就业人口的增加，如果失业人口足够多，甚至有可能引发社会动乱、局部战争，这些都不利于社会的稳定和安全。

人工智能发展也存在一些影响社会公正的情况。举例来说，Northpointe 公司开发了一种算法，该算法可以预测罪犯的二次犯罪概率，但预测黑种人的犯罪概率远远高于其他人种，被指种族偏见。上海交通大学通过唇曲率、眼内角距和口鼻角等特征进行面部识别可以预测某些人具有犯罪倾向，但被质疑存在偏见。在 2016 年首届“国际人工智能选美大赛”上，机器人专家小组根据“能准确评估人类审美与健康标准”算法对人类面部进行评判，由于没有为人工智能提供多样化的训练，最终获胜的都是白种人。可见，机器人审美也存在人种歧视的现象。因为算法输入者或者人工智能设计者的问题，会导致一些新的社会伦理问题出现。

6.3.4　智能时代的数字鸿沟

从传统意义上说，“数字鸿沟”是指信息技术在用户与非用户之间的社会分层，它描述了信息通信技术在普及与使用中的失衡，这种失衡表现在不同国家、同一国家内的不同地区、不同人群之间，它还存在于信息技术的发展领域和信息技术的应用领域中。智慧型社会的结构变得更加复杂，人工智能的复杂性使社会大众不能从根本上掌握它，而技术发展的最终目的是使整个社会都能平等地享受到人工智能发展所带来的福利，这仅靠技术进步是无法做到的。

当前，在人工智能领域的发展中，有关顶层设计的政策和伦理规范还不完善，人工智能的发展存在偏离正轨的风险。在生产力分布不均，科技力量不均衡，人民素质和能力参差不齐，不同国家和地区在信息化和智能化方面存在着差距的今天，智能时代的“数字鸿沟”作为社会现实的写照不容忽视。智能时代的“数字鸿沟”使发达国家垄断了全球的关键数据资源，封锁了人工智能的核心技术和创新成果，从而获取了垄断的超额利润。在智能时代，体力劳动者不再被社会所重视，也不再被社会的劳动力结构所支配。对普通体力劳动者来说，智能时代是一次挑战，他们将重新寻找自己的社会定位。智能科技的发展，生产力的提高，使体力劳动者越来越意识到自己能力不足，用体力劳动获取社会回报的优势也逐渐丧失。伴随着智能技术的不断进步，出现了大量的“数字贫困地区”和“数字穷人”，形成了残酷的竞争环境，使原来的贫富差距加剧。“数字鸿沟”潜移默化地影响着未来社会发展的和谐与公平，若先进的人工智能技术掌握在少数发达国家和地区手中，不能为全人类的福祉做出应有贡献，就会进一步引发社会矛盾，加剧社会阶层分化。

拓展阅读 6-2

我们能信赖AI吗?

本章习题

一、基础知识题

1. 根据《新一代人工智能发展规划》，我国到 2030 年人工智能核心产业规模预计将达到（　　）。

A. 5000 亿元　　B. 1 万亿元

C. 5 万亿元　　D. 10 万亿元

2. 以下选项中，（　　）不属于人工智能发展面临的道德挑战。

A. 智能机器的道德主体地位

B. 数据歧视和算法歧视

C. 人工智能引发新的社会安全和公平正义问题

D. 智能时代的数字鸿沟

3. 德国自动驾驶伦理道德标准中，（　　）不是其核心要求。

A. 自动驾驶系统应确保事故少于人类驾驶员

B. 人的安全优先于动物或其他财产

C. 允许基于年龄、性别等因素进行事故判断

D. 自动驾驶车辆必须配备“黑匣子”记录数据

4. 欧盟《可信赖 AI 的伦理准则》中，实现可信赖 AI 的关键要素不包括 ( )。

A. 技术健全性和安全性　　B. 隐私和数据管理

C. 算法黑盒化　　D. 透明性

5. 人工智能在数据收集和使用中，( ) 行为可能违反法律。

A. 明确告知用户数据收集目的和范围

B. 默认开启人脸识别功能且未提供关闭选项

C. 获得用户授权后使用数据

D. 数据加密存储

6. 阿西莫夫提出的机器人三大定律中，( ) 是错误的。

A. 机器人不能伤害人类，也不能放任人类受伤

B. 机器人必须服从人类的所有命令

C. 机器人可以自主决定是否保护自身安全

D. 机器人不得违反第一、第二定律

7. 智能时代的“数字鸿沟”可能导致以下 ( ) 现象。

A. 技术垄断和贫富差距加剧　　B. 全球数据资源平等共享

C. 体力劳动者社会地位提升　　D. 人工智能技术普及速度加快

8. 以下选项中，( ) 不属于我国人工智能发展现状的特点。

A. 高度重视　　B. 态势喜人

C. 全面领先　　D. 存在差距

9. 人工智能在金融领域的应用中，( ) 可能涉及法律风险。

A. 智能投顾平台持有相关金融牌照　　B. 无牌代销金融产品

C. 提供合规投资咨询　　D. 数据加密传输

10. 《关于加强科技伦理治理的意见》提出的科技伦理原则不包括 ( )。

A. 伦理先行　　B. 依法依规

C. 技术优先　　D. 开放合作

二、思考题

1. 简述人工智能发展面临的道德问题。
2. 简述人工智能发展的趋势。

第 7 章

人工智能时代的职业展望

本章聚焦人工智能时代的职业发展前景，开篇剖析 “智能、跨界、共生”趋势下的机遇与挑战，从国家“双创”政策支持、新职业涌现到传统岗位被替代风险，揭示行业变革逻辑。继而系统阐述职业生涯规划方法论，借助向阳定位模型、SWOT 分析等工具，指导读者完成从自我认知到目标制定的全流程规划。同时，重点解析终身学习、智慧实践、创新突破三大职业能力构成，结合课程育人、校企合作等培养路径，为读者提供能力提升蓝图。最后通过拓展阅读与案例，具象化人才需求标准，助力读者在技术浪潮中锚定职业坐标，实现个人发展与时代需求的深度耦合。

学习目标

1. 理解人工智能时代职业发展面临的机遇与挑战，了解国家相关政策支持及新职业的出现对就业的影响。

2. 掌握职业生涯规划的概念、意义及具体过程，包括职业定位、SWOT 分析和规划制定等方法。

3. 明确大学生职业能力的构成，如终身学习能力、适应智慧环境的实践能力和创新能力等。

4. 了解大学生职业能力培养的途径，包括课程育人、实践育人、文化育人及网络育人等。

5. 认识人工智能时代对人才的需求特点，如跨界思维、人工智能应用能力和终身学习意识等。

能力目标

1. 能够分析人工智能时代职业发展的机遇与挑战，结合国家政策和行业趋势，判断自身职业发展方向。

2. 能够运用向阳职业定位模型、SWOT 分析等工具，完成个人职业定位与规划。

3. 能够在实践中培养终身学习能力，提升人工智能专业领域的知识更新与技能迭代能力。

4. 强化创新意识与创新实践能力，掌握从创意构思到落地实施的全流程创新方法。

素养目标

1. 树立“智能、跨界、共生”的职业价值观，将个人职业规划与社会需求、科技变革相融合。

2. 培养面对职业不确定性的抗压能力与应变素养，在人工智能冲击传统职业的环境中保持进取的职业精神。

3. 培育职业道德与伦理素养，在人工智能技术应用中恪守行业规范，确保职业行为符合公序良俗与法律要求。

思维导图

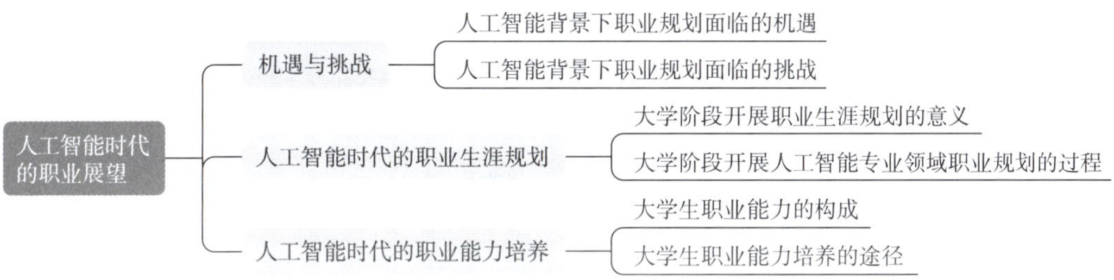

素养园地

2024 年第十四届“挑战杯”秦创原中国大学生创业计划竞赛闭幕

7.1　机遇与挑战

以人工智能为代表的新一轮技术革命方兴未艾，引领着科技与产业革命的变革，深刻地改变着人们的生产、生活、学习方式，推动人类社会迎来人机协同、跨界融合、共创分享的智能时代。在此背景下，人工智能相关专业学生的就业既面临着巨大的机遇，又面临着许多挑战。了解人工智能专业领域就业机遇与挑战，有助于学生发挥主观能动性，把握先机，做好计划与准备。“智能、跨界、共生”是当前人工智能背景下的人才需求。

7.1.1　人工智能背景下职业规划面临的机遇

当今世界正经历百年未有之大变局，我国正处于实现中华民族伟大复兴关键时期。每一代青年都有自己的际遇和机缘，都要在自己所处的时代条件下谋划人生、创造历史。人工智能时代已经到来，人工智能引领科技与产业变革，必然要将大学生职业规划放到中国社会发展的现实中，融入时代发展的潮流中去考虑与计划。

大力鼓励创新创业是这个时代的机遇。党和国家深入实施创新驱动发展战略，鼓励与支持创新创业，并提供了良好的创业政策与环境。在中国社会掀起“大众创业”“草根创业”的新浪潮，形成“万众创新”“人人创新”的新势态。

2018年，国务院下发《关于推动创新创业高质量发展打造“双创”升级版的意见》(以下简称《意见》),《意见》指出，在党中央、国务院的高度重视和大力支持下，近年来我国创新创业生态体系不断优化，创新创业观念与时俱进，出现了大众创业、草根创业的“众创”现象，带动创新创业愈加活跃、规模不断增大、效率显著提高。《意见》还要求进一步优化创新创业环境，大幅降低创新创业成本，提升创业带动就业能力，增强科技创新引领作用，提升支撑平台服务能力，推动形成线上线下相结合、产学研用协同、大中小企业融合的创新创业格局，为加快培育发展新动能、实现更充分就业和经济高质量发展提供坚实保障。

在党和国家的创新创业思想指导与政策支持下，青年创新创业环境焕然一新。截至2014年底，经国务院批准成立的国家高新区达到115家，高新区成为大众创新创业的核心载体。国家积极营造良好的高新技术产业发展环境，打造有利于创新创业的生态系统。近年来，国家高新区涌现出来的新型孵化器为创业者提供了低成本、便利化、开放式的创业空间，增加了创业者相互交流的机会。目前，国家高新区内已经形成了大量容纳创业者、投资者、创业导师的创业社区，实现了聚团效应价值的最大化。在国家高新区真正掀起了“大众创业、万众创新”的新浪潮。在人工智能发展方面，国家部署了智能制造等国家重点研发计划重点专项，印发《“互联网+”人工智能三年行动实施方案》，从科技研发、应用推广和产业发展等方面提出了一系列措施。在全国大学生创业优惠政策方面，多个省份提出了具体的支持政策。例如，江西省高校学生休学创业最多可保留7年学籍，财政每年注入1000万元资金充实青年创业就业基金，每年重点支持1000名大学生返乡创业；浙江省杭州市大学生创业项目申请无偿创业资助的，资助金额的额度从原来的最高10万元提高到20万元，并实行房租补贴机制等。

在移动互联网、大数据、超级计算、传感网、脑科学等新理论、新技术，以及经济社会发展强烈需求的共同驱动下，人工智能高速发展并将深刻改变人们的社会生活和世界发展。2017年，国务院印发的《新一代人工智能发展规划》指出，人工智能创新发展关系到新一轮国际科技竞争中的主导权问题，是国际竞争的新焦点，是引领未来的新技术，是经济发展的新引擎，是社会建设的新机遇，要将人工智能发展放到国家战略层面去布局与规划。一方面，我国积累了良好的人工智能发展基础，语音识别、视觉识别、5G等技术世界领先，智能监控、工业机器人已经进入实际应用阶段，与人工智能相关的创新创业活跃；另一方面，我国重视人工智能发展，出台了相关的措施与政策支持。

2025年以来，人工智能技术的迅猛发展不仅深刻改变了传统行业的运营方式，也给大学生的未来职业规划带来了前所未有的挑战与机遇。面对AI时代，大学生究竟该如何把握机会，提前规划自己的职业道路？首先，明确自己的兴趣领域，并结合 AI 带来的产业趋势选择相应专业或行业。其次，积极了解市场需求，可利用相关平台（如猎聘、BOSS 直聘等）观察目标岗位的要求和发展趋势。此外，应尽早制定清晰的职业发展目标，比如想成为一名数据分析师、AI 开发工程师或数字营销专员，并围绕目标系统地进行技能学习和积累实习经验。同时，大学生还应积极参加行业相关活动和社团，通过实践增强自身的竞争优势。

2025 年 5 月 8 日，人力资源和社会保障部发布公示，拟新增 17 个新职业、42 个新工种。很多新职业、新工种的出现，映射出产业变革新趋势、社会发展新需要。例如，拟增加的 42 个新工种中，在“生成式人工智能系统应用员”职业下增设“生成式人工智能系统测试员”工种，在“动画制作员”职业下增设“生成式人工智能动画制作员”工种。这正是人工智能大模型持续迭代升级并加速赋能千行百业的体现。

人工智能加速发展对就业的影响是深刻的，催生了大批新职业，为劳动者提供了更多就业选择。根据行业报告数据，到 2030 年，我国 AI 人才缺口将达到 400 万人。层出不穷的技术应用意味着新需求、新变化，让新职业拥有无限可能。越来越多的劳动者，尤其是年轻劳动者可以在人工智能领域中发挥才能、绽放光彩。

7.1.2 人工智能背景下职业规划面临的挑战

每一次科技革命都会带来新一轮工作革命，人工智能将大量淘汰传统劳动力，而且会有不少行业，会因为人工智能的兴起而消失。未来，机器人将会代替人工服务和操作，这很可能会导致大量的流程工作、服务工作和中间管理环节“消失”。

人工智能技术的发展，使得机器能够在一定程度上模拟或超越人类的智能，从而在各个领域和行业取代或辅助人工，提高生产效率和质量，降低成本和风险。这对于社会经济的发展和进步是有利的，但对于青年就业者来说，这也意味着他们的就业岗位可能面临缩减或消失的风险。根据国际劳工组织的报告，2020 年全球青年就业人数下降了 8.7%，相当于 1.15 亿人，而青年就业人数的下降幅度是成年人的 3 倍。同时，牛津大学研究预测，到 2030 年，全球约有 47% 的工作将面临自动化风险 (Frey & Osborne，2017)。在中国，这一比例可能高达 77%。这种技术替代不仅威胁到低技能工作，也对高技能岗位构成挑战。因此，青年就业者必须适应这一变化，寻找新的就业机会，并提升自身的技能以保持竞争力。

人工智能技术的进步，促使部分低技能、低附加值工作岗位逐渐减少乃至消失，同时也催生了诸多新兴岗位及职业类型，从而引发就业市场的结构性变革。这些变化使得就业市场的需求和供给之间出现了差距和不匹配的问题，对青年就业者造成了困扰和挑战。一方面，就业市场对高技能、高素质、高创新人才的需求日益增加，而青年就业者的技能和素质水平却难以满足这些需求，导致人才供不应求和就业结构性短缺。例如，数据分析师、人工智能工程师、机器学习专家等新兴职业的需求不断上升，但这些职业需要掌握人工智能技术的原理、方法和应用，以及相关的数学、统计、编程等基础知识，而青年就业者在这些方面的培养和教育却不足，导致了人才的缺口和就业的难度。另一方面，就业市场对低技能、低素质、低创新的人才的需求日益减少，而青年就业者的技能和素质水平却难以提升，导致人才供过于求和就业结构性富余。例如，制造业、农业、零售业、餐饮业、交通运输业等领域的工作岗位因自动化、智能化设备的替代而减少，而青年就业者在这些领域的技能和知识却过剩，导致人才浪费和就业困境。

青年就业路径的重构，既遭遇到了严峻的考验，也蕴含着无限的可能。人工智能技术的发展和应用，为青年就业者提供了更多的就业选择和可能性，也为青年就业者的技能提升和职业发展创造了更多的条件和更大的空间。

7.2 人工智能时代的职业生涯规划

职业规划又叫职业生涯设计，是指个人与组织相结合，在对一个人职业生涯的主观和客观条件进行测定、分析、总结的基础上，对自己的兴趣、爱好、能力、特点进行综合分析与权衡，结合时代特点和自己的职业倾向，确定其最佳的职业奋斗目标，并为实现这一目标做出切合实际的安排。当代大学生应抓住人工智能背景下的机遇，对大学阶段乃至人生发展的整个职业生涯做好规划。

7.2.1 大学阶段开展职业生涯规划的意义

“预则立，不预则废”，职业生涯规划对所有人来说都很重要，将对其一生产生重大影响。职业生涯规划有助于个人树立人生目标。如图 7-1 所示，科大讯飞 BG 高教人才培养业务线副总监受邀在院校做职业规划讲座，引导当代大学生在纷繁的选项中，做出更好的职业规划和职业选择，平衡家庭与朋友、工作与个人爱好之间的需求。更为重要的是，职业生涯规划能为人生事业成功提供科学的指导与基本的操作方法，使组织与个人实现双赢，因而对个人的职业生涯发展及组织发展都具有重要的意义和作用。

图 7-1 科大讯飞 BG 高教人才培养业务线副总监在院校做职业规划讲座

(1) 职业生涯规划能增强个人对职业环境的把握能力和对职业困境的控制能力。职业生涯规划不仅可以使个人了解自身的长处和短处，养成对环境和工作目标进行分析的习惯，也可以使个人合理计划、安排时间和精力，开展学习和培训，以完成工作任务、提高职业技能。这些活动的开展都有利于强化个人对环境的把控能力和对困境的控制能力。

(2) 职业生涯规划能帮助个人协调好职业生活与家庭生活的关系，更好地实现人生目标。良好的职业生涯规划和职业生涯开发与管理工作可以帮助个人从更高的角度看待职业、生活中的各种问题和选择，将各个分离的事件结合在一起，相互联系，共同服务于职业目标，使职业生活更加充实和富有成效。职业生涯规划可以帮助个人综合考虑职业生活同个人追求、家庭目标等其他生活目标的平衡，避免顾此失彼、左右为难的窘境。

(3) 职业生涯规划有利于实现自我价值的不断提升和超越。个人寻求职业的最初目的可能仅仅是找一份可以养家糊口的工作，进而追求的可能是财富、地位和名望。职业生涯规划对职业目标的多次提炼可以逐步使个人工作目的超越财富和地位，追求更高层次自我价值实现的成就感和满足感。职业生涯规划可以发掘出促使人们努力工作的最本质的动力，升华成功的意义。

7.2.2 大学阶段开展人工智能专业领域职业规划的过程

1. 职业定位

职业定位就是清晰地明确个人的职业发展方向，它是个人在整个生涯发展历程中的战略性问题，也是根本性问题。职业定位既是职业规划的步骤，也是开展职业规划的方法，其主要是从自身认识、规划的角度，分析自己适合从事的工作、擅长从事的工作和有机会从事的工作，来进行职业规划。如图 7-2 所示，向阳生涯规划与职业定位模型又称向阳职业定位模型，它由职业取向系统、商业价值系统及职业机会系统构成，三大系统相互影响、相互作用，可以用来解决个人的职业规划问题。向阳生涯规划与职业定位模型是由向阳生涯在总结整合前人多种理论模型的基础上提出的，于 2005 年初步成型。

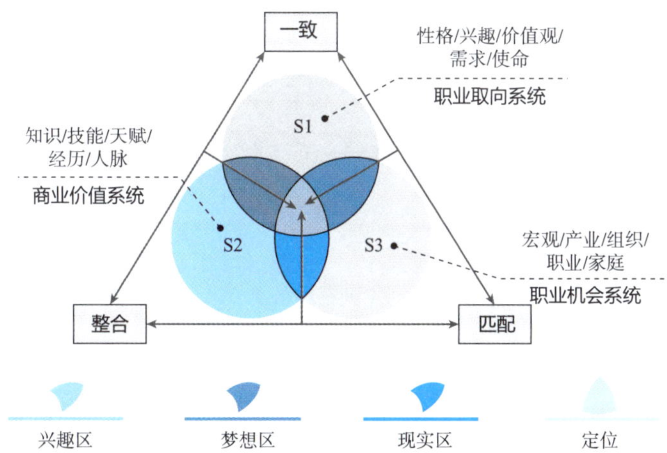

图 7-2 向阳生涯规划与职业定位模型

向阳生涯由中国职业规划事业开创者、国家人社部《职业生涯规划师国家职业技能标准》主要起草人洪向阳老师于 2002 年创立。向阳生涯二十余年来始终专注于职业规划与生涯教育事业，以职业规划为核心技术，为行业、个人、企业及院校提供专业服务。

(1) 职业取向系统。职业生涯的本质是以个人为中心的，因此我们在考虑职业定位和职业规划时，自然要优先考虑一个人最本性的取向。职业取向系统是人的潜意识的外在表现，表现的是人的本性倾向，它基于快乐原则。职业取向系统由性格、兴趣、价值观、需要和使命等要素组成，每一种要素都表达了个人在职业甚至是生活方式上的倾向。它是职业规划的第一系统，在人们没有太多外在限制的情况下，优先考虑职业取向系统会让我们最大限度地获得职业上的满意。

(2) 商业价值系统。商业价值系统是面向现实社会的。该系统考虑的是个体相对于职业世界的客观价值，也就是说，个体相对于职业世界能提供多大贡献直接决定着是否可以获得相关职业机会。商业价值系统由一系列可以直接创造价值的要素构成，包括知识、技能、经历、天赋和人脉五个要素。商业价值系统具有一定的相对性，对于 A 职业体现不了价值，可能对于 B 职业却有相当大的商业价值。在设定职业目标时，选择怎样的职业目标才合适，主要受商业价值系统的影响。

(3) 职业机会系统。职业机会系统直接影响到是否有职业机会，以及到底能有多大的职业机会，也直接决定着职业的一般发展方式和发展路径。职业机会要么是你职业生涯的助力，要么是你职业生涯的阻力。

在不同的职业发展阶段及不同的外在环境下，三大系统所起到的作用大小是有差别的，作用的先后顺序也会有差别，三大系统的关系如图 7-3 所示。职业定位就是了解自己感兴趣的职业，结合自己所拥有的技能，整合社会的职业机会，最终得出最适合自己的黄金职业定位。

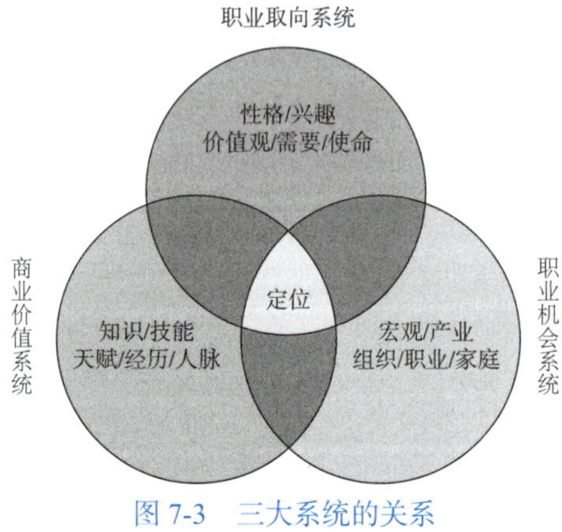

图 7-3　三大系统的关系

2. 个人 SWOT 分析

SWOT 分析被广泛运用于各种职业预测、风险分析、职业规划，同样也适用于人工智能相关职业的规划。SWOT 分析就是将与研究对象密切相关的各种主要内部优势、劣势、机会和挑战等因素，通过调查罗列出来，并依照一定的次序按矩阵形式排列起来，然后运用系统分析的思想，把各种因素相互匹配起来加以分析，从中得出一系列相应的结论。SWOT 中，S 代表 Strength(优势)、W 代表 Weakness(劣势)、O 代表 Opportunity(机遇)、T 代表

Threat(挑战)。SWOT是个体“能够做的”(即个体的强项和弱项)和“可能做的”(即环境的机遇和挑战)之间的有机组合。其中，S和W是内部因素，O和T是外部因素。

(1) 优势分析。

① 你曾经做过什么？即你已有的人生经历和体验，如在学校期间担任过的职务、曾经参与或组织过的实践活动、获得过的奖励等。这些可以从侧面反映出一个人的素质状况。

② 你学习了什么？即你在专业课程的学习中获得了什么。专业也许在未来的工作中起不了多大作用，但在一定程度上决定了你的职业方向。因此，尽自己的最大努力学好专业课程是做好职业生涯规划的前提条件之一。

③ 最成功的是什么？你可能做过很多事，但最成功的一件事是什么？为何成功？是偶然还是必然？

通过优势分析，可以发现自我性格优越的一面，如坚强、果断等，以此作为个人深层次挖掘职业潜力的动力之源和魅力闪光点，这是职业规划的有力支撑。

(2) 劣势分析。

① 你的性格弱点是什么？一个个性很强的人很难与他人默契合作，一个优柔寡断的人也很难担当企业管理者的重任。卡耐基曾说过，人性的弱点并不可怕，关键要有正确的认识，尽量寻找弥补不足、克服困难的办法，使自我趋于完善。

② 你经历中所欠缺的方面有哪些？找出你的劣势与发现你的优势同等重要，因为你可以基于此做两种选择：或是努力去改正常见的错误，提高你的技能；或是放弃那些对你而言不擅长的技能的学习。

(3) 机会与威胁分析。不同的行业(包括这些行业里的不同公司)都面临不同的外部机遇和挑战，因此，找出这些机遇与挑战将帮助你成功地找到一份适合自己的工作。这对大学生求职而言是非常重要的，因为这些机遇和挑战会影响你的第一份工作的选择和今后的职业发展。

3. 职业生涯规划制定

职业生涯规划是一个反复的、连续的过程，主要包括确定志向、自我评估、分析环境、职业决策、求职行动、评估与反馈6个步骤。确定志向是根本，自我评估和分析环境是前提，职业决策是关键，求职行动是保障，评估与反馈能进一步促进职业生涯规划的持续发展。

(1) 确定志向。俗话说：“志不立，天下无可成之事。”立志是人生的起点，反映了一个人的理想、胸怀和价值观，影响着一个人的目标达成情况及成就的大小。在制定职业生涯规划时，首先要确定志向。

(2) 自我评估。认识自己，了解自己是自我评估的目的。因为只有认识了自己，才能正确选择自己所要从事的职业。因此，自我评估是生涯规划的重要步骤之一。自我评估包括评估个人的兴趣特长、性格、能力、价值观，以及在社会中的自我认同等。

(3) 分析环境。在制定个人职业生涯规划时，要分析环境条件的特点、环境的发展变化情况、自己与环境的关系、自己在这个环境中的地位、环境对自己提出的要求，以及环境对自己有利的条件与不利的条件等。只有充分了解了环境因素，才能做到在复杂的环境中趋利避害，使自己的职业生涯规划具有实际意义。

(4) 职业决策。通过自我评估和职业生涯机会评估，结合职业生涯规划发展愿望，可以初步确定职业方向，如具体的行业、领域、职业等。在选择职业方向时，要达到性格与职业匹配、兴趣与职业匹配、能力与职业匹配、价值观与职业相适应等目标。

(5) 求职行动。确定职业生涯目标之后，行动便成为关键的环节。行动，即落实目标的具体措施。例如，计划采取什么措施来达成职业目标？计划采取什么措施来提高工作效率？计划采取什么行动来提升自身的业务能力和综合素质？

(6) 评估与反馈。计划赶不上变化，影响职业生涯规划的因素有很多，有的变化是可以预测的，有的变化是不可预测的。因此，为了使职业生涯规划行之有效，必须不断地对职业生涯规划进行评估与修订。修订的内容包括：职业的重新选择、职业生涯路线的选择、人生目标的修正等。

7.3 人工智能时代的职业能力培养

大学生职业能力是指大学生在实践活动中培养和形成从事某种职业所需要的生存与发展的能力，是知识、技能与精神的综合体现。大学生职业能力不是天生的，而是在后天的学习中，特别是在大学期间的知识学习与实践锻炼、日常经验积累中不断形成与发展的。各级教育行政主管部门和高等院校可以通过大学生职业生涯大赛等形式，加速大学生职业能力的形成与提升。2023 年胶东经济圈首届大学生职业生涯规划大赛决赛比赛场景如图 7-4 所示。

图 7-4　胶东经济圈首届大学生职业生涯规划大赛决赛比赛场景

7.3.1 大学生职业能力的构成

1999 年，中共中央、国务院作出《关于深化教育改革全面推进素质教育的决定》，提出实施素质教育就是全面贯彻党的教育方针，以提高国民素质为根本宗旨，以培养学生的创新精神和实践能力为重点，造就“有理想、有道德、有文化、有纪律”、德智体美等全面发展的社会主义事业建设者和接班人。这里结合大学生成长成才与发展需要，从教育培养

拓展阅读7-1

人工智能时代背景下的人才需求及职业规划思维

的角度强调了以培养学生的创新精神和实践能力为重点。《国家中长期教育改革和发展规划纲要(2010—2020)》中提到，素质教育作为教育改革发展的战略主题时，在继续强调提高“学生勇于探索的创新精神和善于解决问题的实践能力”的基础上，进一步要求“着力提高学生的学习能力、实践能力、创新能力”。由此可见，从大学生成长成才的特点来看，其知识与技能获取的方式主要来源于学习与实践，而创新又属于青少年时期所突出的思想行为特点，应当在这一时期的能力培养中进行强调。职业能力是大学生能力的一种具体的体现，也可以说是在专业领域的集中体现，职业能力的培养应当遵循学生能力培养的一般规律。学生能力的一般划分，也适用于职业能力的划分。因此，这里将大学生职业能力特指为在人工智能专业领域中进行学习、实践和创新的能力，可将其划分为终身学习的能力、适应智慧环境的实践能力和创新能力。

1. 终身学习的能力

人工智能背景下的数字技术发展太快，很难精准预测会产生哪些新职业、新岗位。因此，未来就业者需要培养终身学习的能力，以不断学习、持续发展的状态来应对社会高速变化发展的挑战。国际21世纪教育委员会于1995年向联合国教科文组织提交的研究报告《教育——财富蕴藏其中》将学会学习、学会做事、学会共同生活作为学会生存的三个基本能力，并与学会生存一起称为教育的“四个支柱”。学习是人不断适应社会和促进自身发展的重要方式，也是促进自身全面发展所包含的内容。随着社会的不断发展和人类生产实践的不断拓展深化，人类积累了越来越多、越来越丰富的知识与经验。通过直接实践来获取的知识与经验是非常有限的，必须依靠有效的学习才能满足人们对知识传承与获取的需要。虽然大学生在校期间学习了专业的理论与知识，但要满足整个人生职业发展的需要和应对不可预测的社会风险，是远远不够的。古人常言“授人以鱼，不如授人以渔”。掌握学习的方法，养成善于学习的习惯，不仅是大学期间进行专业学习的需要，也是保证职业持续发展的必然要求。学习能力一方面包括一个人的智商，也就是天生的记忆力、想象力、理解力等智力因素，以及在后天学习和锻炼中培养的思维能力、判断能力、推理能力等。另一方面，学习能力还包括非智商的能力，主要是指一个人的非理性因素，如一个人的兴趣、心态、意志力、信心信念等。后者在整个职业发展过程中也起到非常关键的作用。由于职业发展过程的艰巨性、长期性、复杂性，难免会遇到困难挫折甚至是反复的失败，这种时候，坚强的意志、乐观的心态往往极为关键。因此，不少职业能力培养的研究都将意志力作为首要培养的能力。

2. 适应智慧环境的实践能力

实践是人类能动地改造世界的社会性的物质活动，是人类生存和发展的最基本的活动，是人类社会生活的本质，是人类认识产生和发展的基础。实践是将主观付诸客观的唯一途径，也是把自身学习到的职业知识、产生的职业想法进行应用和检验的唯一途径。大学生的职业实践能力，主要包括经营能力、管理能力、交际能力。

经营能力是指企业的经营运行能力，即企业运用各项资产赚取利润的能力。经营能力大小是影响企业盈利能力和风险抵抗能力的主要因素。对企业进行经营不是一个简单的线性行为，而是复杂的综合行为，其要求经营者拥有一定的管理能力，掌握正确的管理方式及经营理念，以及具备对企业营运最终获取利润的能力。因此，如果大学生在工作实践中，要通过经营一个企业获得利润，实现生存与发展，就必须不断实践与学习，从多个方面来提升经营能力。

企业管理是对企业生产经营活动进行计划、组织、指挥和控制等活动的总称，是对企业人力、物力、财力、信息等资源进行配置，获取最大效率的活动。管理能力包括运营决策能力、分析判断能力、抵御风险能力、组织指挥能力等。除了具备上述能力，管理能力还体现在对管理方法的运用上，体现为管理方法的科学化和艺术化。科学化是指管理方法是否符合管理的规律，能否取得管理的成效，可以通过有意识、有组织、有计划地进行管理学习和积累一定的管理经验来培养形成。艺术化是指管理的艺术性，它需要在长期正确运用管理方法的基础上，将个人魅力、个性因素融入管理方法当中。管理艺术往往因人而异，形成管理艺术最基本的要求是对管理方法“熟能生巧”。

良好的交际能力是获取信息、打开销路和组织运行的灵丹妙药。学习人际交往知识，提高交际能力，储备人脉资源，发挥交际效用，不仅是社会生活的需要，也是职业活动中必不可少的。言语是交际最为基本的方式，掌握交谈的艺术与技巧有助于提升工作交际的实效。在交谈开始前，最好尽可能地了解你的交谈对象，并且眼神要真诚，谈吐得体，适时运用一些委婉、含蓄、幽默等语言技巧。人际交往中，情感与友谊的建立甚是关键。这就需要真诚待人、豁达大度、信义为本。

3. 创新能力

创新是推动社会发展的第一动力，18 世纪以来的每一次科技和产业革命都深刻改变了世界；创新是当今竞争新优势的集中体现，掌握了科技创新就掌握了竞争的优先权与主动权，就能在职业发展中先行一步，获得发展先机。大学生有较少的过去，较多的未来。从其发展本质上说，大学生具有可塑性、创新性；从其思想行为特点上说，大学生往往思维活跃、追求新鲜、标新立异、追求创新。创新对于职业发展而言又甚为重要，大学生无论创业还是就业，都是一个从无到有，从新生事物到培育成熟的过程，没有创新特质，就会缺乏持续发展性，难以持久壮大。虽然大学生有着创新创造的天然优势，但这并不意味着有创新的能力，创新能力需要有意识地培养。我们可以从以下几个方面培养创新能力。

(1) 树立创新的自觉意识。创新要求大学生树立突破陈规、大胆探索、勇于创新的思想观念，有突破难关、锐意进取的精神。敢于突破陈规甚至是常规，大胆探索、小心求证，善于观察、思考批判，不唯书、不唯上、只唯实，这是大学生在学习与实践中创新创造的重要前提。创新是走前人没有走过的路，难免会遇到困难，面对未知领域也常常令人心生怯意，这就需要大学生树立大胆探索未知领域的信心。

(2) 增强创新的本领。创新不是盲目地追求新鲜、差异，而是在继承前人积累的专业知识基础上的发展变革。深厚的专业知识、扎实的专业技能是创新能力形成的基础。人们常常说，思路决定出路。拥有创新思维的人能善于发现问题、灵活开放、不落入俗套，通过学习与实践自觉培养创新型思维，勤于思考、善于发现、勇于创新是创新能力培养的另一方面。最后，创新能力的形成离不开创新的实践。创新实践应当立足于新时代中国式现代化建设当中，把握全球新一轮科学革命和产业变革兴起的历史机遇，应当以时代使命为己任，把握时代脉搏，迎接时代挑战，在国家全面深化改革的实践中去体悟创新，培养创新意识，锻炼创新意志，增强创新本领。

7.3.2　大学生职业能力培养的途径

只有将学校教育与学生自身锻炼形成合力，才能形成积极有效的培养大学生职业能力的途径。一般来说，学校教育的育人途径主要包括课程育人、实践育人、文化育人及网络育人，构成全员育人、全程育人、全方位育人的育人格局。

1. 课程育人

课程育人基本可以分为 3 类。

(1) 专业课程的学习。专业课程学习是学习专业知识、培养专业素养最为直接、有效的方式。专业课程的学习与职业能力培养有直接的联系，处于专业能力培养的核心地位和基础性地位。

(2) 有针对性的职业发展课程学习。这类课程包括学校开展的面向全体或大部分学生的创新创业、职业规划类课程。另外，还有部分专业开设的应用操作类、实习实践类课程，如电子商务实操课程就属于这类课程。通过此类课程的学习，大学生能直接学习到职业实践的操作、技术、步骤等。

(3) 学校开设的思想政治理论课、职业道德课及各种人文社会科学课程学习。这类课程以培养学生的思想政治素养，涵养学生的人文精神为主。虽然这类课程与职业能力培养没有直接的关系，但也是不可或缺的。因为这类课程有助于大学生形成正确的世界观、人生观和价值观，掌握基本的法律规范与职业道德，有助于培养良好的意志、情感、思维能力等，还有助于情商的培养。这类课程是职业性格、精神、态度培养的重要途径，从精神层面决定着职业能力运用的价值取向与境界。当然，不管是哪一类课程，大学生都应当主动认真地将课程学好，从职业能力培养的角度上来说，跟上老师的授课节奏，理解课程学习的知识本身就是一种学习能力的培养，这种学习能力也是大学生职业能力的构成之一。

2. 实践育人

实践是检验学生学习到的职业知识与理论是否有效，以及进一步培养学生实践能力必不可少的途径。正所谓“实践出真知”。学校在开设理论课程、进行课堂教学的同时，往往也会开展相应的实践教学，以达到实践育人的目的。校企合作建立实训基地、组织参观考察实习基地等都是培养学生实践能力重要的途径。学校应当在这方面完善相应机构，建立相应场所，开展有关合作，为大学生职业能力的实践养成提供必要的客观条件。大学生应当珍惜这样的实践机会，在实践中增长才干、培养品格、奉献社会。

3. 文化育人

文化具有重要的育人功能，能让学生在良好的氛围里涵养职业精神，培养职业能力。文化育人行动需要通过有效载体开展。学校可以有针对性地举办专业学术讲座、专业技术活动、创业竞赛、专业娱乐活动等，实现寓教于文，寓教于乐。还可以将学生的专业特长与传统节日、重大事件等结合起来，开展富有专业特色的主题教育活动，潜移默化地培养学生的职业思想意识和职业能力。

4. 网络育人

网络技术与多媒体技术的飞速发展，使得网络不仅成为大学生生活学习的“第二空间”，也成为培养大学生能力、践行网络育人的主要途径。互联网的飞速发展，使得我国的创新创业出现了创业服务从市场发力、创业主体走向“大众”、创新活动走向开放协同、创业载体更注重“软服务”、创业理念更重视需求导向的新特点。这些新特点的出现，既是网络、物流等行业飞速发展的结果，也是网络创业的优势体现。一方面，大学生可以通过网络进行职业实践或创业尝试，获取从事职业的资源与信息。教育者应当在这方面承担必要的教育引导工作，以预防学生违法违规使用网络和受骗上当。另一方面，大学生可以根据职业能力培养的需要，在网络上进行相关课程的学习。如图 7-5 所示，大学生可在博思智慧学习平台上学习相关课程。教育者则需要注意完善相关网站建设、平台建设、资源供给、信息发布等工作，为学生获取资源和参与职业锻炼提供有效的途径与服务。

图 7-5　博思智慧学习平台

本章习题

一、基础知识题

1. 人工智能时代的人才需求核心趋势不包括（　　）。

A. 智能　　B. 跨界　　C. 单一技能　　D. 共生

2. 国务院《新一代人工智能发展规划》指出，人工智能是 (　　)。

A. 经济发展的新引擎　　B. 社会建设的新挑战

C. 国际竞争的旧焦点　　D. 科技发展的附属品

3. 向阳职业定位模型不包括 (　　) 系统。

A. 职业取向系统　　B. 商业价值系统

C. 个人兴趣系统　　D. 职业机会系统。

4. SWOT 分析中，T 代表 (　　)。

A. 优势 (Strength)　　B. 劣势 (Weakness)

C. 机遇 (Opportunity)　　D. 挑战 (Threat)

5. 下列选项中，(　　) 不属于大学生职业能力的构成。

A. 终身学习能力　　B. 适应智慧环境的实践能力

C. 应试能力　　D. 创新能力

6. 人工智能对就业市场的影响不包括 (　　)。

A. 催生新职业 (如生成式人工智能系统应用员)

B. 完全消除传统岗位

C. 导致就业市场结构性变革

D. 产生人才缺口 (如 AI 工程师)

7. 下列选项中，(　　) 属于课程育人的范畴。

A. 专业课程学习　　B. 企业实习　　C. 创业竞赛　　D. 网络课程

8. 人工智能时代对人才的核心要求不包括 (　　)。

A. 跨界思维　　B. 单一领域深耕

C. 人工智能应用能力　　D. 终身学习意识

9. 职业规划的步骤不包括 (　　)。

A. 确定志向　　B. 自我评估　　C. 直接就业　　D. 评估与反馈

10. 下列选项中，(　　) 属于文化育人的途径。

A. 专业学术讲座　　B. 校企合作实训

C. 在线课程学习　　D. 职业道德课

二、思考题

1. 如何在大学阶段规划好学习生活，为以后的职业发展做准备？
2. 什么是 SWOT 分析？它的主要作用是什么？
3. 向阳职业定位模型是什么？它的主要作用是什么？
4. 简要描述大学生职业能力培养的途径有哪些，并谈谈你对这些途径的认识。

参考文献

[1] 贾海波，译. 浪潮将至 [M]. 北京：中信出版集团，2024.

[2] 杨福川，董惠芝. 一本书读懂大模型 [M]. 北京：机械工业出版社，2024.

[3] 蔡自兴，刘丽珏，陈白帆. 人工智能及其应用[M]. 北京：清华大学出版社，2023.

[4] 许佳炜，胡众义，张笑钦. 人工智能导论 [M]. 北京：清华大学出版社，2021.

[5] 肖正兴，聂哲. 人工智能应用基础[M]. 北京：高等教育出版社，2020.

[6] 史荧中，钱晓忠. 人工智能应用基础[M]. 北京：电子工业出版社，2020.

[7] 聂明. 人工智能技术应用导论[M].北京：电子工业出版社，2019.

[8] 中国人工智能产业发展联盟. 人工智能浪潮 [M]. 北京：人民邮电出版社，2018.

[9] 袁飞，蒋一鸣. 人工智能：从科幻中复活的机器人革命[M]. 北京：中国铁道出版社，2018.

[10] 拾影. "AI合成主播" 的突破不代表弱人工智能时代的终结[J]. 互联网周刊，2018(22).

[11] 樊畅. 人工智能技术赋能个性化学习[N]. 中国教育报，2018-02-26.

[12] 潘云鹤. 人工智能 2.0 与教育的发展[J]. 中国远程教育，2018(5)：5-9.

[13] 明日科技. 零基础学 Python[M]. 长春：吉林大学出版社，2018.

[14] 李德毅，于剑. 人工智能导论 [M]. 北京：中国科学技术出版社，2018.

[15] 陈炳祥. 人工智能改变世界：工业 4.0 时代的商业新引擎[M].北京：人民邮电出版社，2017.